上海市工程建设规范

膜结构检测标准

Standard for inspection of membrane structures

DG/TJ 08－2019－2019

J 11015－2020

主编单位：同济大学

上海建筑设计研究院有限公司

批准部门：上海市建筑建材业市场管理总站

施行日期：2020 年 6 月 1 日

同济大学出版社

2020 上海

图书在版编目(CIP)数据

膜结构检测标准/同济大学,上海建筑设计研究院有限公司主编.--上海:同济大学出版社,2020.7

ISBN 978-7-5608-6878-3

Ⅰ.①膜… Ⅱ.①同… ②上… Ⅲ.①薄膜结构—检测—标准—上海 Ⅳ.①TU33-65

中国版本图书馆 CIP 数据核字(2020)第 102025 号

膜结构检测标准

同济大学
上海建筑设计研究院有限公司 主编

策划编辑 张平官
责任编辑 朱 勇
责任校对 徐春莲
封面设计 陈益平

出版发行 同济大学出版社 www.tongjipress.com.cn
(地址:上海市四平路 1239 号 邮编:200092 电话:021-65985622)

经 销 全国各地新华书店
印 刷 浦江求真印务有限公司
开 本 889mm×1194mm 1/32
印 张 4.125
字 数 111000
版 次 2020 年 7 月第 1 版 2020 年 7 月第 1 次印刷
书 号 ISBN 978-7-5608-6878-3
定 价 35.00 元

上海市住房和城乡建设管理委员会文件

沪建标定〔2020〕37 号

上海市住房和城乡建设管理委员会
关于批准《膜结构检测标准》为上海市
工程建设规范的通知

各有关单位：

由同济大学和上海建筑设计研究院有限公司主编的《膜结构检测标准》，经我委审核，现批准为上海市工程建设规范，统一编号为 DG/TJ 08－2019－2019，自 2020 年 6 月 1 日起实施。原《膜结构检测技术规程》(DG/TJ 08－2019－2007)同时废止。

本规范由上海市住房和城乡建设管理委员会负责管理，同济大学负责解释。

特此通知。

上海市住房和城乡建设管理委员会

二〇二〇年一月十七日

前 言

根据上海市住房和城乡建设管理委员会《关于印发〈2017 年上海市工程建设规范编制计划〉的通知》(沪建标定〔2016〕450 号)的要求,由同济大学、上海建筑设计研究院有限公司会同有关单位组成编制小组,对上海市工程建设规范《膜结构检测技术规程》DG/TJ 08－2019－2007 进行了全面修订。

本标准主要内容包括:总则;术语和符号;基本规定;膜材性能;其他材料性能;连接与节点;膜单元建筑物理性能检测;充气膜系统性能检测;预张力;尺寸与偏差;外观质量;既有膜结构检测。

本标准主要修订内容有:

1. 修改规程名称为“膜结构检测标准”;
2. 补充修改 ETFE 膜材、网格膜的相关检测方法;
3. 增加关于不锈钢拉索和不锈钢钢拉杆的检测方法;
4. 新增膜单元建筑物理性能检测章节;
5. 新增充气膜系统性能检测章节;
6. 补充膜材外观质量检测内容;
7. 新增既有膜结构检测章节。

各单位及相关人员在执行及应用本标准过程中,对需要修改和补充之处,请将意见和资料反馈至同济大学土木工程学院(地址:上海市四平路 1239 号;邮编:200092;E-mail:yangbin@tongji.edu.cn),或上海市建筑建材业市场管理总站(地址:上海市小木桥路 683 号;邮编:200032;E-mail:bzglk@zjw.sh.gov.cn),以便今后修订时参考。

主 编 单 位:同济大学

上海建筑设计研究院有限公司

参 编 单 位:上海交通大学

华东建筑集团股份有限公司

中国建筑第八工程局有限公司

上海同济检测技术有限公司

上海同磊土木工程技术有限公司

上海太阳膜结构有限公司

柯沃泰膜结构(上海)有限公司

上海海勃膜结构股份有限公司

上海泰恩特膜结构有限公司

上海汉杰伊膜结构工程安装有限公司

巨力索具股份有限公司

广东坚宜佳五金制品有限公司

上海奇禹空间结构技术有限公司

上海维立凯膜材料有限公司

山东泰山体育工程有限公司

上海土木工程结构健康监测工程技术研究中心

主要起草人:张其林 杨联萍 李亚明 吴明儿 杨 彬

罗晓群 陈务军 邱枕戈 崔家春 雷 克

王 勤 常治国 张 英 陈世平 任思杰

耿金彪 李良树 杨 超 尚景朕 张艳琪

李 凯 卞志勇 喻泽良

主要审查人:姚念亮 吴欣之 梁淑萍 巢 斯 龚景海

蔡兹红 周 健 王敏华

上海市建筑建材业市场管理总站

2019 年 12 月

目　次

Contents

1 总 则

1.0.1 为了规范膜结构的检测方法，提高检测结果的可比性，保证检测结果的可靠性以及膜结构工程的质量和安全，制定本标准。

1.0.2 本标准适用于新建膜结构的质量检测和既有膜结构的性能检测。

1.0.3 膜结构的检测除应符合本标准外，尚应符合国家及本市现行相关标准的规定。

2 术语和符号

2.1 术 语

2.1.1 膜结构 membrane structure

由膜面和支承结构共同组成的建筑物或构筑物。

2.1.2 膜材 membrane material

包括织物类膜材以及 ETFE 膜材。

2.1.3 涂层 cover layer

涂覆在基材上,起保护基材作用的聚合物层。

2.1.4 织物类膜材 fabric membrane

由玻璃纤维或聚酯纤维类基材涂覆涂层构成,包括涂层织物类膜材以及网格膜材。

2.1.5 ETFE 膜材 ETFE membrane

由高分子聚合物制成的薄膜。

2.1.6 修约 rounding off

通过省略原数值的最后若干位数字,调整所保留的末位数字,使最后所得到的值最接近原数值的过程。

2.1.7 抗拉强度 tensile strength

在规定条件下进行的拉伸试验过程中,试样被拉断为止时的最大力或相应的应力。

2.1.8 延伸率 tensile strain

在规定条件下进行的拉伸试验过程中,试样标距的增量与标距之比的百分率。

2.1.9 断裂延伸率 tensile strain at break

在规定条件下进行的拉伸试验过程中,试样在断裂时标距的增量与标距之比的百分率。

2.1.10 经向试样 warp specimen

膜材力学性能检测中，受力方向与膜材经向一致的试样。

2.1.11 纬向试样 weft specimen

膜材力学性能检测中，受力方向与膜材纬向一致的试样。

2.1.12 等速伸长试验机 CRE constant rate of extension testing machine

在整个试验过程中，夹持试样的夹具一个固定，另一个以恒定速度运动，使试样的伸长与时间成正比的一种试验仪器。

2.1.13 隔距长度 clamp distance

试验装置上夹持试样的两夹持线间的距离。

2.1.14 撕裂强度 tear strength

在规定条件下进行，使试样上初始切口扩展所需的力。

2.1.15 负荷峰/谷 maximum/minimum loading

试样在撕裂过程中负荷不断地变化下，当撕破的瞬间施加在试样上的力在记录图谱上所形成的峰/谷，其值即为峰值/谷值。

2.1.16 涂层剥离强度 coating peeling strength

在规定的条件下，涂层织物类膜材在涂层和基材的剥离过程中，单位宽度上所能承受的平均力。

2.1.17 徐变延伸率 creep strain

相应于恒定张力作用时间段内的膜材延伸率。

2.1.18 老化率 aging ratio

试样老化前后抗拉强度的变化率。

2.1.19 膜面连接强度 membrane joint strength

在规定条件下对膜与膜的连接、膜与刚性边界的连接、膜与柔性边界的连接以及膜顶和膜角连接等连接形式进行拉伸试验过程中，试样被拉断时的最大力或相应的应力。

2.1.20 刚性边界 rigid boundary

膜面与钢、铝、混凝土等刚性支承结构之间的连接边界。

2.1.21 柔性边界 soft boundary

膜面与索等柔性支承结构之间的连接边界。

2.1.22 膜面张力 membrane tension

膜面上某点处沿经向或纬向单位宽度上的张力值。

2.1.23 膜单元 membrane unit

由膜片连接加工而成,在膜结构中由柔性边界或刚性边界围起的膜面。

2.1.24 充气膜结构 air-inflated membrane structure

利用充气方式使膜面内外产生压力差和膜面张力,从而保持稳定的膜面形态和刚度的膜结构。

2.1.25 充气膜系统 air-inflated membrane system

充气膜系统是指以充气膜结构为主体,包含充放气机械设备、压力控制与监测、管道与独立电源等,可按逻辑控制使充气膜结构具备稳定形态和刚度承受外部荷载的建筑结构系统。

2.1.26 气承式膜结构 air-supported membrane structure

利用单层或多层曲面膜与支承面形成密闭空间,使用充气设备和压力控制系统维持膜面内部空间的稳定气压,利用膜面内部气压保持稳定的曲面外形和结构刚度,并抵抗外部荷载的膜结构形式。对大跨度气承式膜结构,可采用索网等措施加强膜结构刚度和稳定性。

2.1.27 气肋式膜结构 air beam membrane structure

由充气圆管通过特定的组合方式连接形成一个整体受力体系,并与基础可靠连接,使用充气设备维持内部的稳定气压,利用内部气压抵抗外部荷载的膜结构形式。

2.1.28 气枕式膜结构 air cushion membrane structure

利用双层或多层薄膜组成封闭空间的充气膜结构,通过充气设备和压力控制系统维持气枕内的稳定气压,利用气枕内部气压抵抗外部荷载的膜结构形式。气枕式膜结构一般是由多个气枕单元组合而成,常以围护系统出现,支承在主要承重结构体系之上。

2.2 符　号

E_X——织物类膜材经向的弹性模量，单位为 N/mm²；

E_Y——织物类膜材纬向的弹性模量，单位为 N/mm²；

F_b——织物类膜材抗拉强度，单位为 N/5cm；

F_{mm}——膜片与膜片连接强度（织物类膜材的强度单位为 N/5cm，ETFE 膜材的强度单位为 N/mm²）；

F_{mr}——膜面与刚性边界连接强度（织物类膜材的强度单位为 N/5cm，ETFE 膜材的强度单位为 N/mm²）；

F_{ms}——膜面与柔性边界连接强度（织物类膜材的强度单位为 N/5cm，ETFE 膜材的强度单位为 N/mm²）；

F_{mp}——膜顶、膜角连接强度（织物类膜材的强度单位为 N/5cm，ETFE 膜材的强度单位为 N/mm²）；

F_t——撕裂强度，单位为 N；

G——膜材剪切模量，单位为 N/mm²；

t——膜材厚度；

σ_μ——ETFE 膜材抗拉强度，单位为 N/mm²；

γ——老化率；

ε_{cf}——织物类膜材徐变延伸率；

ε_{ce}——ETFE 膜材徐变延伸率；

ε_f——织物类膜材断裂延伸率；

ε_μ——ETFE 膜材断裂延伸率；

ν_X——织物类膜材经向的泊松比；

ν_Y——织物类膜材纬向的泊松比。

3 基本规定

3.1 检测范围和分类

3.1.1 新建膜结构的质量检测可包含材料性能、连接与节点、预张力、尺寸与偏差、外观质量、充气膜系统性能以及建筑物理性能等项目，应根据工程的规模和用途等确定具体的检测项目。

3.1.2 既有膜结构的性能检测可包含材料性能退化、预张力、位形变化以及外观质量等项目。

3.1.3 既有膜结构的性能检测适用于以下条件：

1 膜结构安全鉴定。

2 膜结构大修前的可靠性鉴定。

3 膜结构改扩建或建筑用途变更前的鉴定。

4 膜结构达到设计使用年限要继续使用时的鉴定。

5 膜结构受到灾害、环境侵蚀等影响后的鉴定。

6 对既有膜结构的工程质量有怀疑或争议时。

7 设计要求的使用年限内的常规检测。

8 其他需要对膜结构质量或性能鉴定的情况。

3.2 检测方案

3.2.1 膜结构的性能检测应有完备的检测方案，检测方案应征求委托方的意见，并应经过审定。

3.2.2 膜结构的检测方案应包括下列内容：

1 膜结构概况。

2 检测目的或委托方的检测要求。

3 检测依据，主要包括检测所依据的标准及有关的技术资料等。

4 检测项目和选用的检测方法以及检测的数量。

5 检测人员和仪器设备情况。

6 检测工作进度计划和所需要的配合工作。

7 检测中的安全措施和环保措施。

3.3 检测报告

3.3.1 膜结构工程质量的检测报告应做出所检测项目是否符合现行上海市工程建设规范《膜结构技术标准》DG/TJ 08－97 的规定以及设计文件要求的评定。既有膜结构性能的检测报告应给出所检测项目的评定结论，并为膜结构的鉴定提供可靠的依据。

3.3.2 检测报告应包含以下内容：

1 委托单位名称。

2 膜结构工程概况，包括工程名称、结构类型、规模、施工日期及现状等。

3 设计单位、施工单位、监理单位及检测单位名称。

4 检测目的、检测项目、检测依据、检测人员和设备及检测数量等。

5 检测日期及报告完成日期。

6 检测结果及与检测内容相应的检测结论。

3.4 检测设备和检测人员

3.4.1 检测设备应有产品合格证，计量器具必须有有效的检定或校准证书，并处于正常状态。

3.4.2 现场检测工作应有 2 名及 2 名以上经培训的检测人员承担。

4 膜材性能

4.1 一般规定

4.1.1 膜材性能检测可分为基本性能、力学性能、建筑物理性能和防火性能等项目。膜材性能各项目的检测结果应按国家及本市现行相关标准进行判定。

4.1.2 膜材性能检测时，应将同一厂家生产的同一型号、规格、批号的材料作为一个检测批。

4.2 基本性能

4.2.1 膜材厚度应按下列规定进行检测：

1 涂层织物类膜材的厚度检测分为总厚度检测和涂层厚度检测，检测方法和检测规则应分别按现行行业标准《涂层织物 厚度试验方法》FZ/T 01003 和《涂层织物 涂层厚度的测定》FZ/T 01006 的规定执行。

2 ETFE 膜材厚度的检测方法和检测规则应按现行国家标准《塑料薄膜和薄片厚度测定 机械测量法》GB/T 6672 的规定执行。

3 网格膜材厚度的检测方法和检测规则应按现行国家标准《增强材料机织物试验方法 第 1 部分：厚度的测定》GB/T 7689.1的规定执行。

4.2.2 膜材面密度应按下列规定进行检测：

1 取正方形试样 100mm×100mm，试样取法应按本标准附录 A.0.1 确定，每个检测批抽样数不应少于 5 个。

2 检测仪器采用分度值为 0.5mm 的钢尺和 0.01g 的称量天平。

3 织物类膜材，试验用温度为(20±2)℃，相对湿度为(65±4)%，按照现行国家标准《纺织品调湿和试验用标准大气》GB/T 6529 的规定对试样进行预调湿、调湿和试验。ETFE 膜材，试验用温度为(23±2)℃，相对湿度为(50±4)%，按照现行国家标准《塑料试样状态调节和试验的标准环境》GB/T 2918 的规定对试样进行预调湿、调湿和试验。

4 在试样无褶皱、无预张力的状态下，用钢尺测量正方向试样两相邻边的边长，精确至 0.5mm，计算试样面积。在天平上称量试样质量，结果精确至 0.01g。分别计算各块试样的面密度，单位为 g/m^2。

5 取 5 块试样面密度的平均值作为检测结果，修约至 $1g/m^2$。

4.2.3 织物类膜材经纬密度的检测方法和检测规则应按现行国家标准《增强材料机织物试验方法　第 2 部分：经、纬密度的测定》GB/T 7689.2 的规定执行。

4.3 力学性能

4.3.1 膜材抗拉强度及断裂延伸率应按本标准附录 B 的规定进行检测。

4.3.2 膜材撕裂强度应按本标准附录 C 的规定进行检测。

4.3.3 涂层织物类膜材的涂层剥离强度应按现行行业标准《涂层织物涂层剥离强力的测定》FZ/T 01010 的规定进行检测。

4.3.4 膜材弹性模量及泊松比应按本标准附录 D 的规定进行检测。

4.3.5 膜材剪切模量应按本标准附录 E 的规定进行检测。

4.3.6 膜材耐徐变性能应按本标准附录 F 的规定进行检测。

4.3.7 膜材的反复弯折性能应按现行国家标准《纸和纸板耐折

度的测定》GB/T 457 及以下的规定进行检测：

1 对织物类膜材沿经向和纬向、ETFE 类膜材沿 MD 和 TD 方向，分别剪取不少于 5 块试样，试样宽度为 15mm。

2 对织物类膜材，折口的圆弧半径为(3.00±0.03)mm；对 ETFE 类膜材，折口的圆弧半径为(1.00±0.02)mm。

3 试样的预张力，织物类膜材为 15N，ETFE 类膜材为 $10N/mm^2$。

4 对织物类膜材，试样进行 1 000 次往复双折试验后，按照本标准附录 B.1 节的规定进行抗拉强度检测，计算抗拉强度平均值。

5 对于 ETFE 膜材，进行往复折叠至试样折断，记录折断次数。

4.3.8 膜材的耐磨性能应按现行国家标准《塑料滚动磨损试验方法》GB 5478 的规定进行检测。

4.3.9 织物类膜材的耐寒性能应按现行国家标准《橡胶或塑料涂覆织物低温弯曲试验》GB/T 18426 的规定进行检测，试验温度为−25℃，放置时间为 2h 以上。

4.4 建筑物理性能

4.4.1 膜材耐候性能宜按本标准附录 G 的规定进行检测。

4.4.2 膜材声学性能的检测分为隔声性能和吸声性能等项目，检测方法和检测规则宜分别按现行国家标准《声学建筑和建筑构件隔声测量》GB/T 19889 和《声学混响室吸声测量》GB/T 20247 的规定执行。

4.4.3 膜材光学性能的检测分为可见光透光率以及太阳光的透射比、反射比和吸收率等项目，检测方法和检测规则宜按现行国家标准《建筑玻璃可见光透射比、太阳光直接透射比、太阳能总透射比、紫外线透射比及有关窗玻璃参数的测定》GB/T 2680 的规定执行。

4.4.4 膜材热学性能的检测项目为膜材的导热系数，检测方法和检测规则宜按现行国家标准《塑料导热系数试验方法　护热平板法》GB 3399 的规定执行。

4.5 防火性能

4.5.1 应按现行国家标准《建筑材料及制品燃烧性能分级》GB 8624 规定的方法进行试验并评定膜材的防火等级。

4.5.2 当设计文件对膜材的产烟特性、燃烧滴落物/微粒等级和烟气毒性等级有要求时，应按现行国家标准《建筑材料及制品燃烧性能分级》GB 8624 规定的方法进行试验及判定。

5 其他材料性能

5.1 一般规定

5.1.1 膜结构中除膜材料以外的其他材料包括拉索和拉杆、金属连接件以及胶结材料和密封材料等。

5.1.2 膜结构其他材料性能的检测，应将同一厂家生产的同一型号、规格、批号的材料作为一个检测批，每批每个检测项目随机抽取试样数量按照现行相关标准执行。

5.2 拉索和拉杆

5.2.1 膜结构中使用的拉索和拉杆的力学性能检测可分为抗拉强度、伸长率、屈服点等项目。

5.2.2 拉索和拉杆的力学性能检测方法和检测规则应按现行国家标准《金属材料拉伸试验方法》GB/T 228.1、《钢拉杆》GB/T 20934 和现行行业标准《不锈钢拉索》YB/T 4294、《索结构技术规程》JGJ 257 的规定执行，评定标准应符合相应产品标准的规定。

5.3 金属连接件

5.3.1 膜结构中使用的金属连接件包括夹板和夹具等连接件和螺栓等紧固件，金属材料分为钢材、铝合金及不锈钢等材料。

5.3.2 连接件的检测方法和检测规则应符合现行国家标准《金属材料拉伸试验方法》GB/T 228.1 的规定，拉索锚具等连接件的检测方法和检测规则应按现行行业标准《预应力筋用锚具、夹具和连接器应用技术规程》JGJ 85 的规定执行，锚具应按设计要求进行无损探伤，内部质量检测可按现行国家标准《钢锻件超声检测方法》GB/T 6402、《锻轧钢棒超声检测方法》GB/T 4162、《铸钢件超声检测　第1部分：一般用途铸钢件》GB/T 7233.1 的规定执行；合金钢、碳素钢、铸钢锚具表面质量检测可按现行国家标准《铸钢件磁粉检测》GB/T 9444 和现行行业标准《锻钢件磁粉检测》JB/T 8468 的规定执行；不锈钢锚具表面质量检测可按现行行业标准《承压设备无损检测　第5部分：渗透检测》NB/T 47013.5 的规定执行。

5.3.3　紧固件的检测方法和检测规则可按现行国家标准《紧固件机械性能》GB/T 3098 的规定执行，评定标准应符合相应产品标准的规定。

5.3.4　钢结构焊缝的检测方法和检测规则可按现行上海市工程建设规范《钢结构检测与鉴定技术规程》DG/TJ 08－2011 的规定执行。

5.3.5　气枕膜结构开启天窗与主结构的连接件应具有足够的抗风性能，必要时可采用气枕开启单元足尺模型进行抗风承载力试验测试。

5.4　胶结材料和密封材料

5.4.1　胶结材料和密封材料的性能检测可分为相容性能、粘结性能和耐候性能等项目。

5.4.2　胶结材料和密封材料的性能检测方法、检测规则和评定标准应按现行国家标准《建筑密封材料试验方法》GB/T 13477 和《建筑用硅酮结构密封胶》GB 16776 的规定执行。

5.4.3　三元乙丙胶条、硅橡胶条应符合现行国家标准《建筑门窗、幕墙用密封胶条》GB/T 24498 的规定。

6 连接与节点

6.1 一般规定

6.1.1 连接与节点的质量与性能的检测可分为膜面连接强度、膜面水密性和膜面气密性等项目。各项目的检测结果应按国家及本市现行相关标准进行判定。

6.1.2 膜结构的连接节点可分为膜片与膜片的连接节点、膜面与刚性边界的连接节点、膜面与柔性边界的连接节点以及膜顶、膜角连接节点等。

6.1.3 连接节点的质量检测抽样,应符合下列规定:

1 膜面连接强度的检测,每类连接方式的试样总数不应少于3个。

2 应选取重要节点进行膜顶和膜角连接强度检测,且每类连接形式应选取不少于3个试样。

3 膜面水密性、气密性的检测应选取有设计要求的典型节点进行检测,且每类连接形式应选取不少于3个试样。

6.2 膜面连接强度

6.2.1 膜片与膜片连接强度宜按本标准附录H的规定进行检测。

6.2.2 膜面与刚性边界连接强度宜按本标准附录J的规定进行检测。

6.2.3 膜面与柔性边界连接强度宜按本标准附录K的规定进行检测。

6.2.4 膜顶和膜角连接强度宜按本标准附录 L 的规定进行检测。

6.2.5 ETFE 膜面与边界连接强度宜按本标准附录 J 的规定进行检测。

6.3 膜面水密性

6.3.1 膜面连接的水密性检测应按现行国家标准《建筑外门窗气密、水密、抗风压性能分级及检测方法》GB/T 7106 的规定执行。

6.3.2 对每种典型的膜面连接形式，应至少取 1 个试样。试样形状取正方形框，尺寸不应小于 1.5m×1.5m，外框应牢固固定膜面。

6.3.3 宜对膜面水密性进行现场淋水试验，膜面现场淋水试验可按本标准附录 M 的规定确定。

6.4 膜面气密性

6.4.1 膜面连接的气密性检测应按现行国家标准《建筑外门窗气密、水密、抗风压性能分级及检测方法》GB/T 7106 的规定执行。

6.4.2 对每种典型的膜面连接形式，应至少取 1 个试样。试样形状取正方形框，尺寸不小于 1.5m×1.5m。外框应牢固固定膜面。

7 膜单元建筑物理性能检测

7.1 一般规定

7.1.1 膜单元建筑物理性能的检测包括热学性能、光学性能和声学性能。

7.1.2 膜单元建筑物理性能的检测试样应包含焊缝、边框等实际构造。

7.1.3 在进行膜单元建筑物理性能检测时，膜面应处于张紧状态。

7.2 膜单元的建筑物理性能

7.2.1 膜单元热学性能的检测项目包括传热系数和遮阳系数。

7.2.2 膜单元传热系数检测方法和检测规则可按现行国家标准《建筑外门窗保温性能分级及检测方法》GB/T 8484 和《建筑物围护结构传热系数及采暖供热量检测方法》GB/T 23483 的规定执行。

7.2.3 充气膜或其他有中间空气层、保温层的多层膜单元的传热系数可采用热流计法、热箱法、控温箱热流计法和常功率平面热源法进行检测，检测方法和检测规则应符合本标准第 7.2.2 条的规定。

7.2.4 膜单元遮阳系数的检测方法和检测规则可按现行国家标准《建筑玻璃可见光透射比、太阳光直接透射比、太阳能总透射比、紫外线透射比及有关窗玻璃参数的测定》GB/T 2680 的规定执行。

7.2.5 膜单元包括充气膜或其他有中间空气层、保温层的多层膜单元的遮阳系数检测方法和检测规则可按现行国家标准《建筑玻璃可见光透射比、太阳光直接透射比、太阳能总透射比、紫外线透射比及有关窗玻璃参数的测定》GB/T 2680 的规定执行。

7.2.6 膜单元包括充气膜或其他有中间空气层、保温层的多层膜单元的光学性能检测项目，包括可见光透射比和反射比，检测方法和检测规则可按现行国家标准《建筑玻璃可见光透射比、太阳光直接透射比、太阳能总透射比、紫外线透射比及有关窗玻璃参数的测定》GB/T 2680 的规定执行。

7.2.7 膜单元声学性能的检测分为隔声性能和吸声性能等项目，检测方法和检测规则可分别按现行国家执行标准《声学建筑和建筑构件隔声测量》GB/T 19889 和《声学混响室吸声测量》GB/T 20247 的规定执行。

8 充气膜系统性能检测

8.1 一般规定

8.1.1 充气膜系统的性能可分为基本性能、充气性能、气密性能、建筑物理性能等。

8.1.2 充气膜系统的基本性能包含机械设备性能和结构性能，机械设备性能的检测可按国家和行业现行相关标准执行，结构性能的检测可按本标准相关条款执行。

8.1.3 充气膜系统性能各项目的检测结果应按国家和行业现行标准或设计要求进行判定。

8.2 充气性能

8.2.1 充气膜系统的充气性能可按本标准附录N进行充气试验检测。

8.2.2 充气膜系统的充气性能检测主要包括充气系统最大流量、最大压力，检测结果应符合设计要求或国家和行业现行相关标准的规定。

8.3 气密性能

8.3.1 充气膜系统的气密性能可按本标准附录P进行空气漏气试验检测。

8.3.2 充气膜系统的气密性能检测指标主要为规定气压条件下空气漏气率，检测结果应符合设计要求或国家和行业现行相关标准的规定。

8.4 建筑物理性能

8.4.1 充气膜系统建筑物理性能主要包括保温隔热性能和隔声性能，保温隔热性能主要由传热系数表征。

8.4.2 充气膜系统建筑物理性能的检测应按本标准第7.2节的规定执行。

9 预张力

9.1 一般规定

9.1.1 膜结构预张力检测可分为膜面预张力检测以及拉索和拉杆预张力检测等项目。

9.1.2 膜结构预张力检测的抽样，应符合下列规定：

1 膜面预张力的检测应选择设计中应力较大和较小或分布较复杂的部位，且每 $100m^2$ 展开面积或每个膜单元不少于1处，检测总数不少于3个。

2 拉索和拉杆预张力检测应选择设计中拉力较大和较小的拉索和拉杆，检测总数为拉索和拉杆总数的10%，且不少于6个。

9.2 膜面预张力

9.2.1 膜面预张力的实测值与设计值的相对误差宜在0～+100%之间，超出这一范围的测点数量不应超过总测点数量的10%，且最大相对误差不应超过−50%～+150%范围。

9.2.2 膜面预张力的检测方法包括面外变形法、振动测试法和拉曼光谱测试法等，检测仪器应有产品合格证，且必须有有效的检定或校准证书，并处于正常状态。

9.2.3 膜面预张力的检测应采用下列方法：

1 用专用检测仪器分别测试膜材经向和纬向两个方向的预张力。

2 在膜材经向和纬向分别测试3次，取平均值作为测试值。

9.3 拉索和拉杆预张力

9.3.1 拉索和拉杆预张力的实测值与设计值的相对误差应在－10％～＋10％之间。

9.3.2 拉索和拉杆预张力的检测方法包括压力表测定千斤顶油压法、压力传感器测定法和振动频率法等，检测仪器应有产品合格证，且必须有有效的检定或校准证书，并处于正常状态。

9.3.3 拉索和拉杆预张力的检测应采用下列方法：

1 用专用检测仪器测试。

2 分别测试 3 次，取平均值作为测试值。

10 尺寸与偏差

10.1 一般规定

10.1.1 膜结构尺寸与偏差的检测可分为金属构件尺寸偏差检测和膜面控制点几何偏差检测等。

10.1.2 膜结构尺寸与偏差检测的抽样，应符合下列规定：

1 金属构件尺寸偏差检测的抽样方案和抽样数量应按现行国家标准《建筑结构检测技术标准》GB/T 50344 的规定执行。

2 膜面控制点几何偏差检测应选择膜顶点、膜角点、约束边界等固定连接部位。

10.2 金属构件尺寸偏差

10.2.1 金属构件的尺寸检测范围，应检测所抽样构件的全部尺寸，每个尺寸在构件的 3 个部位量测，取 3 处测试值的平均值作为该尺寸的代表值。

10.2.2 金属构件尺寸测量的方法以及尺寸偏差的评定指标，应符合相应的产品标准以及现行国家标准《钢结构工程施工质量验收规范》GB 50205 的规定。

10.2.3 拉索交货长度的偏差应符合表 10.2.3 的规定，对于长度有严格要求的拉索，设计方和加工方应该约定索长偏差。

表 10.2.3 拉索交货长度偏差

拉索长度 L(m)	允许偏差 ΔL(mm)
≤50	±15
50<L≤100	±20
>100	±1/5000L

10.3 膜面控制点几何偏差

10.3.1 膜面控制点的高度偏差不应大于该点膜结构高度的1/600,或不应大于20mm;水平向偏差不应大于该点膜结构高度的1/300,或不应大于40mm。

10.3.2 膜面控制点几何偏差的检测应采用下列方法:

1 与设计图纸核对。

2 使用全站仪等设备测量控制点空间坐标。

10.3.3 在膜面上较为平坦部位,可浇水观察是否会形成积水。

11 外观质量

11.1 一般规定

11.1.1 膜结构外观质量的检测可分为缺陷与损伤以及连接构造等项目。

11.1.2 膜结构外观质量检测的抽样，应符合下列规定：

1 缺陷与损伤的检测，宜选用全数检测方案。

2 连接构造的检测，应按各类连接方式总数5%抽样检测，且每类连接方式不少于5个。

11.2 缺陷与损伤

11.2.1 膜材料的品种、规格与色彩应符合设计要求。膜面颜色应基本均匀，色差不应大于5CIELAB色差单位；膜面不应有发霉、污秽、涂层脱落现象和裂口。膜表面质量应符合表11.2.1的规定。

表 11.2.1 膜表面质量要求

项目	质量要求	检测方法
0.1mm～0.5mm宽划痕	长度小于100mm，每$100m^2$且每个膜单元不超过8条	观察检查，用卡尺测量
擦伤	尺寸不大于20mm，每$100m^2$且每个膜单元不超过2个	观察检查，用卡尺测量
孔洞（仅限施工意外损坏）	尺寸不大于20mm，每$100m^2$且每个膜单元不超过3个可修复的孔洞	观察检查，用卡尺测量
撕裂（仅限施工意外损坏）	长度小于100mm，每$100m^2$且每个膜单元不超过2条可修复的撕裂	观察检查，用卡尺测量

11.2.2 膜与膜连接拼缝质量应符合表11.2.2的规定。

表11.2.2 膜与膜连接拼缝质量要求

项目	质量要求	检测方法
拼缝外观	缝宽均匀、顺滑	观察检查
拼缝宽度偏差(与设计值比)	织物类膜材≤3mm; ETFE膜材≤1.5mm	用卡尺测量

11.2.3 拉杆、拉索索体及其护套表面应无破损、无难以清除的污垢,表面应圆整、光洁,无损伤和脱落。拉索锚具、销轴及其他连接件表面应无损伤,表面处理不应存在破损、起皱等情况,外观均匀。拉索和拉杆外观质量的现场检查,应在自然散射光条件下,目测检查。

11.2.4 纤维绳应无破损、抽丝,无难以清除的污垢。纤维绳外观质量的现场检测应采用观察检查的方法。

11.2.5 金属连接件外观应平整,不得有裂纹、毛刺、凹坑、变形等缺陷。金属连接件外观质量的现场检测应采用观察检查的方法。

11.2.6 胶结材料和密封材料表面应光滑,不得有裂缝现象,接口处厚度和颜色应一致。注胶应饱满、平整、密实、无缝隙。胶结材料和密封材料外观质量的现场检测应采用观察检查的方法。

11.3 连接构造

11.3.1 膜面连接构造的现场检测指标,应符合下列规定:

1 膜面连接的方式和覆盖膜片、连接件、紧固件的规格、品种数量应符合设计要求。

2 应采用有弹性、耐老化的胶结材料和密封材料,胶结材料和密封材料的宽度应符合设计要求。

3 与铝合金型材接触的金属连接件应采用不锈钢材或镀锌

件,否则应加设绝缘垫片。

4 金属连接件应安装牢固。螺栓应有防松脱措施。金属连接件的可调节构造应用螺栓牢固连接,并有防滑动措施。

5 金属连接件的壁厚不宜有负偏差,金属连接件开孔时,孔边距不应小于开孔直径或宽度的 1.5 倍。

11.3.2 膜面连接构造的现场检测,应观察膜面连接处,触摸检查,并采用分度值为 1mm 的钢直尺和分辨率为 0.05mm 的游标卡尺测量。

11.3.3 预埋件连接构造的现场检测,应符合下列规定:

1 预埋件的数量、埋设方式应符合设计要求。

2 预埋件的标高允许偏差为±10mm,预埋件位置与设计位置的允许水平偏差为±20mm。

11.3.4 预埋件连接构造的现场检测应采用下列方法:

1 与设计图纸核对,也可打开连接部位进行检测。

2 在抽检部位用水准仪测量标高及水平位置。

3 用分度值为 1mm 的钢直尺或钢卷尺测量埋件。

12 既有膜结构检测

12.1 一般规定

12.1.1 既有膜结构在设计使用年限内应有定期的例行检查和常规检测制度。膜结构工程竣工后的1年内,应对膜结构进行至少1次常规检测和维护。在遇到本标准第3.1.3条规定的情况下,也应对既有膜结构进行性能检测。

12.1.2 既有膜结构的检测应按不同结构部位和材料进行划分,检测内容包括材料性能、预张力、尺寸与偏差以及外观质量等项目,并应符合国家和行业现行相关标准的规定。

12.1.3 既有膜结构的检测应由具有相应检测资质的单位进行,检测方案应满足本标准第3.2节的规定,检测报告应满足本标准第3.3节的规定,检测设备和人员应符合本标准第3.4节的规定。

12.2 膜材检测

12.2.1 在膜结构工程完工后,建设单位应留置一定数量的、在工程中使用的同一厂家生产的同一型号、规格、批号的膜材料,膜材放置条件应尽可能与使用条件接近,便于将来进行材料性能检测。

12.2.2 既有膜结构检测所需膜材料宜优先从现有结构中取样,也可对按第12.2.1条规定留置的膜材料进行检测。

12.2.3 既有膜结构的膜材料检测的基本项目应包括厚度、抗拉强度、撕裂强度等,并应满足实际工程检测需求,检测方法应符合本标准第 4 章的规定。

12.2.4 既有膜结构的材料强度发生退化，且不能满足设计和使用要求时，应及时对膜结构的材料进行拆除、更换。

12.3 金属构件检测

12.3.1 既有膜结构拉索、拉杆及其他金属构件的力学性能的检测应符合国家和行业现行相关标准的规定。

12.3.2 应对既有膜结构中使用的金属连接件和紧固件进行全面检测，连接件和紧固件如有松动，应重新拧紧或予以加固。

12.3.3 既有膜结构中金属构件的腐蚀检测内容应包括腐蚀损伤程度、腐蚀速度等，检测方法和检测规则应符合现行上海市工程建设规范《钢结构检测与鉴定技术规程》DG/TJ 08－2011 的规定。

12.3.4 工程事故或灾害后的膜结构，应对金属构件进行全面检测，表面质量检测宜采用低倍放大镜观察、磁粉探伤或渗透探伤方法，厚度大于或等于 6mm 的钢材，可采用超声波探伤检测。

12.4 膜结构现场检测

12.4.1 胶结材料和密封材料应全面检测，不应有裂缝现象，接口处厚度和颜色应一致。

12.4.2 对既有膜结构膜内外表面外观和质量进行全面检测，膜面应无明显变形、撕裂和涂层剥离现象，膜表面质量要求应符合本标准第 11.2.1 条的规定。

12.4.3 既有膜结构膜面预张力检测的抽样应符合本标准第 9.1.2条的规定，检测方法应符合本标准第 9.2.2 条的规定，膜面预张力的实测值与设计值误差应符合本标准第 9.2.1 条的规定。

12.4.4 既有膜结构拉索和拉杆预张力检测的抽样应符合本标

准第 9.1.2 条的规定，检测方法应符合本标准第 9.3.2 条的规定。

12.4.5 若既有膜结构膜面预张力、拉索和拉杆预张力不能满足本标准第 9.2.1 条和第 9.3.1 条的规定，应采取下列措施：

1 对膜面、拉索、拉杆重新进行张拉，使其符合设计要求。

2 对结构现状进行计算分析和安全性复核，并制定经设计认可的维护方案。

12.5 既有充气膜结构系统性能检测

12.5.1 气承式膜结构的机械设备系统按下列规定进行检测：

1 应急门、旋转门、互锁平开门、互锁车辆进出门应安装牢固、开关灵活、关闭严密。应急门应开启方便，且具备压力平衡功能。通过多次开启运行检测，并记录其状态。

2 互锁平开门、互锁车辆进出门应安装互锁装置和提供明显的警示，保证同一进出口的两个门体不能同时打开。通过多次开启运行检测，并记录其状态。

12.5.2 充气膜结构的设备系统应按下列规定进行检测：

1 供气设备所配备备用电源或双路电源，在正常电源供电中断的状态下自动启动。通过正常电源供电中断检测备用电源自动启动状态，并记录其状态。

2 供气设备应满足设计工作压力要求，主风机和备用风机联动功能、过滤设备、除湿设备运行良好。主风机在小于 30km/h 风(五级风)和无雨条件下，可正常运转至最大设计内压，且能保持至少 10min。通过多次开启运行检测，并记录其状态。

3 控制系统的自动和人工两种控制模式，正常运行时采用自动控制模式，特殊情况下可切换至人工模式。通过多次开启控制系统运行检测，并记录其状态。

4 压力传感器和风速计等工作良好，工作温度满足设计要求。可按电气元件国家相关标准检测。

5 控制系统、供气设备、空调设备、传感仪器(仪表)、报警系统等工作良好,符合设计技术要求。通过充气膜系统运行检测,并记录其状态。

12.5.3 充气膜结构应至少每月检查1次,除本标准第12.2~12.4节及第12.5.1条和第12.5.2条规定的检测项外,尚应检测下列项目:

1 充气性能,按本标准第8.2.1条进行检测。

2 气密性能,按本标准第8.3.1条进行检测。

3 膜材与建筑内外物体之间的距离应始终保持不小于1.0m。

4 风机进气口不得被杂物堵塞。

12.5.4 气承式膜结构独立备用充气系统至少应3年检测1次。在预警条件下,气承式膜结构备用充气系统响应启动且工作良好,持续运行至少30min,可保持充气系统压力,且关机后可重启。

附录A 取样方法

A.0.1 取样原则应符合以下规定：

1 试样应具有代表性，应避开褶皱、疵点，试样距整卷布端至少300mm，距布边至少100mm，保证试样均匀分布于样品上。

2 试样的剪取应尽可能顺着相邻两组纱线的中间进行，保证试样长度方向边缘必须与相应方向的纱线平行，注意试样两侧边不能有纤维纱线的散失。

A.0.2 剪取试样宜符合图A.0.2的要求。

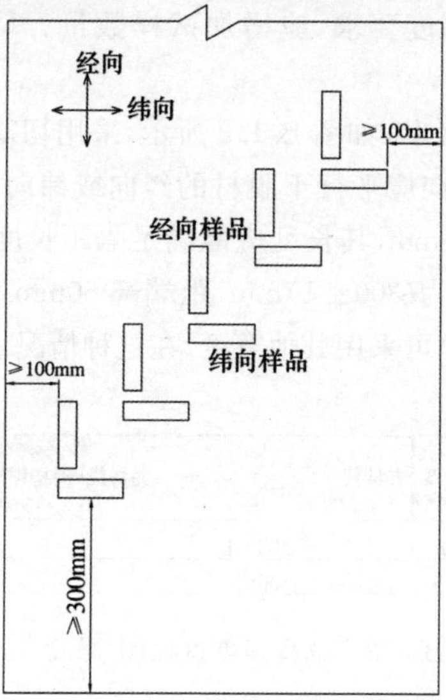

图A.0.2 从实验室样品上剪取试样示例

附录 B　膜材抗拉强度及断裂延伸率的检测

B.1　织物类膜材抗拉强度及断裂延伸率的检测

B.1.1　对规定尺寸的试样，以恒定伸长速率，沿试样长度方向拉伸至断裂，记录和计算抗拉强度及断裂延伸率。

B.1.2　织物类膜材试样的制备应符合以下规定：

1　从每一个检测批样品剪取 2 组试样，一组为经向试样，另一组为纬向试样。每组试样至少应包括 5 块试样，另加预备试样若干。如有更高精度要求，应增加试样数量。取样方式应按本标准附录 A 确定。

2　试样为长条状，如图 B.1.2 所示，采用切割条样法准备试样，剪取试样的长度方向应平行于膜材的经向或纬向。每块试样的有效宽度应为(50±0.5)mm，其长度应能满足隔距长度(200±1)mm 的要求。一般取总长度为(300±1)mm，距端部 50mm 处为夹持线。按双方有关协议，试样也可采用其他宽度，在这种情况下，应在检测报告中说明。

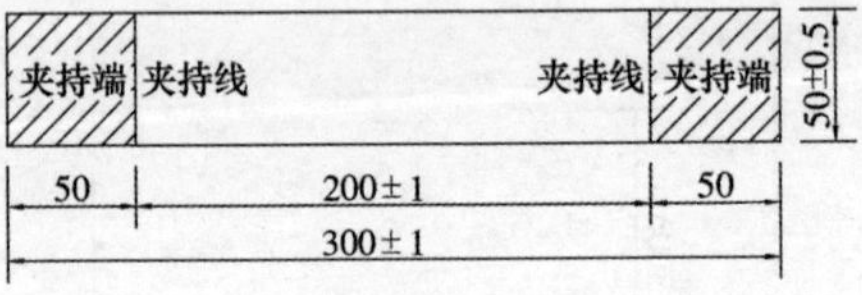

图 B.1.2　抗拉强度试样图(单位：mm)

B.1.3　检测仪器采用等速伸长试验机。恒定伸长速率为 100mm/min，精度为±10%。隔距长度为(200±1)mm。如果使用数据采集系统采集力和伸长数值，数据采集的频率不小于 8Hz。检测仪器应具有指示或记录加于试样上使其拉伸直至断脱的作用力以及相应的试样断裂延伸长度的装置。在仪器满量程内的任意点上，指示或记录断裂力的允许误差为±1%，指示或记录夹具间距的允许误差为±1mm。两夹具的中点应位于拉伸轴线上，夹持线应垂直于拉伸线。两夹具的夹持面应在同一平面内，并略宽于所准备的试样。夹具应牢固地夹住试样使之不滑动，但不应夹断或损坏试样。夹具可采用加用衬垫材料的平面夹具，也可采用有线条槽或波纹面的夹具。

B.1.4 检测方法应符合以下规定：

1 检测温度为(20±2)℃，相对湿度为(65±4)%；按照现行国家标准《纺织品调湿和试验用标准大气》GB/T 6529 规定对试样进行预调湿、调湿和检测。高温条件下的检测温度应按本附录B.1.6 条确定。潮湿条件下膜材抗拉强度检测不要求预调湿和调湿。

2 开动等速伸长试验机，调整记录装置或负荷盘等装置的零点。

3 将等速伸长试验机隔距长度调整为(200±1)mm，在夹具中央夹上试样，使其纵向中心线通过夹持面的中心线，以保证拉力中心线通过试样的中线。

4 夹紧试样，试样应在全部幅面上被握紧。采用预张力夹持，设定膜材试样的预张力值为10N。

5 开启试验机，拉伸试样至断裂。记录最大力值和断裂伸长量。

6 对每一试样重复上述步骤。

如果试样在钳口处不对称滑移或滑移量大于 2mm 时，舍弃检测结果，并补充试样。如果试样在距钳口 5mm 以内断裂，则作为钳口断裂。当 5 块试样检测完毕，若钳口断裂的值大于最小的非钳口断裂的“正常值”，可以保留；如果小于最小的“正常值”，应舍弃，另加检测以得到 5 个“正常值”，补充试样应尽量在相近部位裁取；如果所有的检测结果都是钳口断裂，或得不到 5 个“正常值”,应当报告单值。钳口断裂结果应当在报告中指出。若补充10个试样仍未达到5个检测结果,可停止检测,取所有试样检测结果的平均值,并在检测报告中注明。

B.1.5 检测结果应按以下规定进行计算:

1 分别计算经向试样、纬向试样抗拉强度的平均值,以 F_b 表示,单位为N/5cm,修约至10N/5cm。

2 每个试样的断裂延伸率应按式(B.1.5)计算:

$$\varepsilon_f = (\Delta L / L_0) \times 100\% \qquad (B.1.5)$$

式中:ε_f——织物类膜材断裂延伸率;

ΔL——预张力夹持试样的断裂伸长量(图B.1.5)(mm);

L_0——隔距长度,$L_0 = 200mm$。

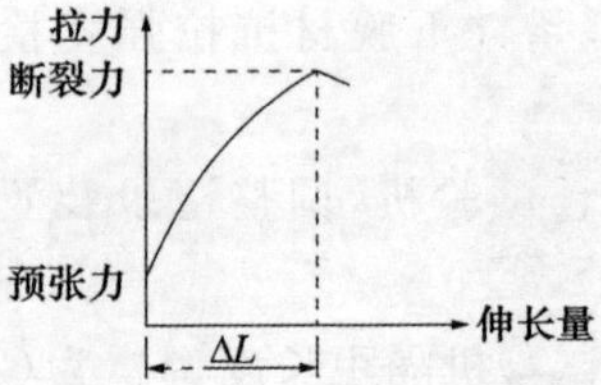

图B.1.5 预张力夹持试样的拉伸曲线

3 分别计算经向试样、纬向试样断裂延伸率的平均值,修约至0.5%。

B.1.6 高温条件下的抗拉强度检测,应将试样置于规定的检测温度下保持5min以上使试样温度达到平衡,按本附录B.1.1~B.1.5条的规定检测抗拉强度。对于基材为玻璃纤维的网格膜材以及基材为玻璃纤维、涂层为聚四氟乙烯的涂层织物类膜材,检测温度为(150±5)℃;对于其他织物类膜材,检测温度为(60±2)℃。

B.1.7 潮湿条件下的抗拉强度检测,应将试件完全浸泡于温度(20±2)℃的水中72h后,按本附录B.1.1~B.1.5条的规定检测抗拉强度。

B.1.8 检测报告除应包括本标准第3.3.2条的内容外,还应包括：

1 检测温度、湿度条件。

2 样品名称、规格。

3 取样计划、试样数量、舍弃的试样数量及原因。

4 经向试样和纬向试样的抗拉强度平均值及断裂延伸率平均值。

5 任何偏离本标准的细节。

B.2 ETFE 膜材抗拉强度、屈服强度及断裂延伸率的检测

B.2.1 对规定尺寸的试样，以恒定伸长速率，沿试样长度方向拉伸至断裂，记录和计算抗拉强度及断裂延伸率，并根据应力应变曲线计算屈服强度。

B.2.2 ETFE 膜材试样的制备应符合以下规定：

1 成卷的 ETFE 膜材其长度方向标记为 MD（Machine Direction），垂直方向为 TD（Transverse Direction）。从每一个检测批样品剪取 2 组试样，一组为 MD 试样，另一组为 TD 试样。每组试样至少应包括 5 块试样，另加预备试样若干。如有更高精度要求，应增加试样数量。取样方式应按本标准附录 A 确定。

2 试样可采用哑铃形试样或长条形试样。哑铃形试样尺寸应按图 B.2.2 确定，总长度不小于 115mm，隔距长度(80±5)mm，平行部分长度(33±2)mm，标线间距离(25±0.25)mm，平行部分宽度(6±0.4)mm，端部宽度(25±1)mm。长条形试样宽度(10～15)mm，总长度不小于 150mm，隔距长度(100±5)mm，标线间距离(50±0.5)mm。

3 试样应按尺寸要求准确打印或画出标线，此标线应对试样不产生任何影响。试样可用冲刀冲制，试样边缘平滑无缺口，可用低倍放大镜检查缺口，舍去边缘有缺口的试样。

B.2.3 检测仪器采用等速伸长试验机。对哑铃形试样，恒定伸长速

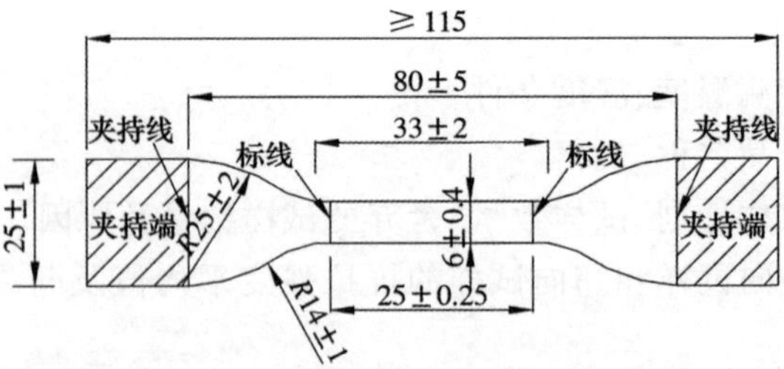

图 B.2.2　哑铃形试样(单位:mm)

率为 50mm/min,精度为±10%,隔距长度为(80±5)mm。对长条形试样,恒定伸长速率为 100mm/min,精度为±10%,隔距长度为(100±5)mm。试验机其他性能应符合本附录 B.1.3 条的规定。

B.2.4　检测方法应符合以下规定:

1　检测温度为(23±2)℃,相对湿度为(50±4)%;按照现行国家标准《塑料试样状态调节和试验的标准环境》GB/T 2918 规定对试样进行预调湿、调湿和检测。高温条件下的检测温度按本附录 B.2.6 条确定。

2　按本标准第 4.2.1 条的规定测量试样厚度,用分度值为 0.1mm 的量具测量试样宽度。每个试样的厚度及宽度应在标距内测量 3 点,取算术平均值,用毫米表示。厚度测量结果修约至 0.001mm,宽度测量结果修约至 0.1mm。哑铃形试样中间平行部分宽度可采用冲刀的相应部分的平均宽度。

3　将试样置于试验机的两夹具中,使试样纵轴与上、下夹具中心线相重合,并且要松紧适宜,以防止试样滑脱和断裂在夹具内。如用伸长仪,在施加应力前,应调整伸长仪的两侧测量点与试样的标距相吻合。伸长仪不应使试样承受负荷。

4　按规定速度开动试验机进行试验,记录负荷及标线间伸长值。试验至试样断裂,若试样断裂在标线外的部位时,此试样作废,另取试样重做。

5　对每一试样重复上述步骤。

B.2.5 检测结果应按以下规定进行计算：

1 每个试样的抗拉强度按式(B.2.5-1)计算：

$$\sigma_{\mu}=\frac{p}{bd} \qquad (B.2.5\text{-}1)$$

式中：σ_{μ}——ETFE膜材抗拉强度(N/mm^2)；

p——最大负荷(N)；

b——试样宽度(mm)；

d——试样厚度(mm)。

2 分别计算MD试样和TD试样的抗拉强度的平均值，修约至0.1N/mm^2。

3 每个试样的断裂延伸率按式(B.2.5-2)计算：

$$\varepsilon_{\mu}=\frac{L-L_0}{L_0}\times 100\% \qquad (B.2.5\text{-}2)$$

式中：ε_{μ}——ETFE膜材断裂延伸率；

L——试样断裂时标线间距离(mm)；

L_0——试样原始标线间距离(mm)。

4 分别计算MD试样和TD试样的断裂延伸率平均值，修约至1%。

5 作应力应变曲线，确定应力应变曲线两个转折点B和C(图B.2.5)。作曲线初始段的切线a，与两转折点间曲线的近似直线b相交于点A；过点A作水平线d与拉伸曲线相交于点B，B点即为第一转折点，对应的应力为第一屈服强度。过点B作直线b的平行线f，与拉伸曲线第三段曲线初始段的切线c相交于点C，C点即为第二转折点，对应的应力为第二屈服强度。分别计算MD试样和TD试样的屈服强度的平均值，单位为N/mm^2，修约至0.1N/mm^2。

B.2.6 高温条件下的抗拉强度和屈服强度检测，应将试样置于(60±2)℃的温度下保持5min以上使试样温度达到平衡，并在(60±2)℃的温度下按本附录B.2.1～B.2.5条的规定检测抗拉

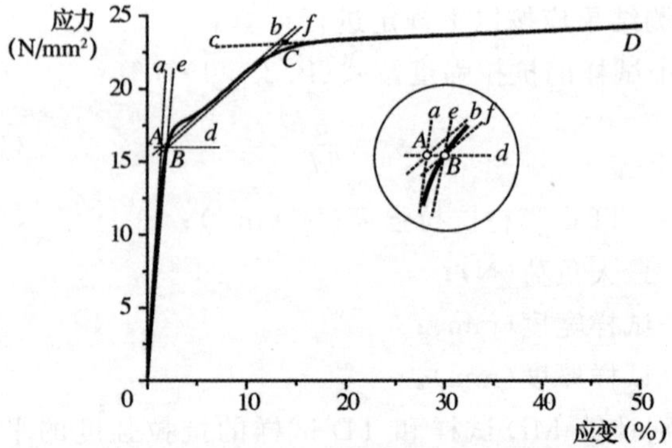

图 B.2.5　ETFE 膜材屈服强度确定示意

强度和屈服强度。

B.2.7　检测报告除应包括本标准第 3.3.2 条的内容外，还应包括：

1　检测温度、湿度条件。

2　样品名称、规格。

3　取样计划、试样数量、舍弃的试样数量及原因。

4　MD 试样和 TD 试样的抗拉强度平均值、第一屈服强度平均值、第二屈服强度平均值及断裂延伸率平均值。

5　任何偏离本标准的细节。

附录C 膜材撕裂强度的检测

C.1 织物类膜材撕裂强度的检测

C.1.1 将画有梯形的条形试样，在其梯形短边中点剪一条一定长度的切口作为撕裂起始点，然后将试样沿夹持线夹于拉力试验机的上下夹具口内，对试样施加连续增加的负荷，使试样沿着切口撕裂并逐渐扩展直至试样全部撕断。记录其撕破过程的图谱，测定其撕裂强度。

C.1.2 织物类膜材试样的制备应符合以下规定：

1 从每个检测批样品剪取2组试样，一组为经向试样，另一组为纬向试样。每组试样至少应包括5块试样，另加预备试样若干。如有更高精度要求，应增加试样数量。取样方式应按本标准附录A确定。

2 采用切割条样法准备试样，剪取试样的长度方向应平行于膜材的经向或纬向。试样制作应按图C.1.2取用，裁剪宽为(50±0.5)mm、长度不小于180mm的长条形试样，在试样上标记等腰梯形，梯形两腰为夹持线，在等腰梯形上底边中央处与边垂直方向切开切口，切口长度(25±0.5)mm。

C.1.3 检测仪器采用等速伸长试验机。恒定伸长速率为100mm/min，精度为±10%。隔距长度为(50±1)mm。试验机其他性能应符合本标准附录B.1.3条的规定。

C.1.4 检测方法应符合以下规定：

1 检测温度为(20±2)℃，相对湿度为(65±4)%；按现行国家标准《纺织品调湿和试验用标准大气》GB/T 6529规定的标准大气预调湿、调湿和试验。

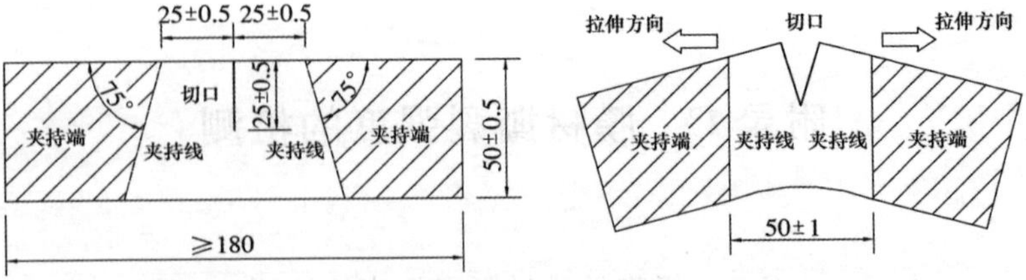

图 C.1.2 撕裂试验试样和夹持示意图(单位:mm)

2 设定隔距长度为(50±1)mm,拉伸速度为(100±10)mm/min,选择适宜的负荷范围,使撕裂强度落在满量程的10%～90%之间。

3 沿梯形不平行两边夹住试样,使切口位于两间距中间,保持梯形短边张紧,长边处于折皱状态。

4 启动试验机,直至试样沿中间切口线全部撕裂,记录力-位移曲线。

5 如果试样从夹具中滑出或并非沿切口线撕裂,此试验结果应剔除,并在样品上再裁取试样,重新试验。

C.1.5 试验记录的图谱由一系列负荷峰和负荷谷所组成,负荷峰和负荷谷表示织物在撕裂过程中受力的变化。计算经向和纬向每块试样的试验记录的5个最大负荷峰峰值的平均值,以经向和纬向5块试样结果的平均值作为试样撕裂强度的检测结果,以 F_t 表示,单位为N,修约10N。

C.1.6 检测报告除应包括本标准第3.3.2条的内容外,还应包括:

1 检测温度、湿度条件。

2 样品名称、规格。

3 取样计划、试样数量、舍弃的试样数量及原因。

4 经向试样和纬向试样撕裂强度平均值。

5 任何偏离本标准的细节。

C.2 ETFE 膜材撕裂强度的检测

C.2.1 ETFE 膜材的撕裂强度的检测方法和检测规则应按现行行业标准《塑料直角撕裂性能试验方法》QB/T 1130 的规定执行。

C.2.2 ETFE 膜材的撕裂强度的试样应按图 C.2.2 确定。

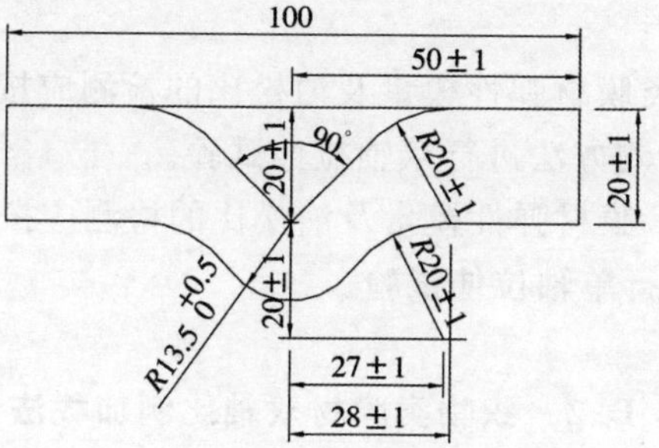

图 C.2.2 直角撕裂试样形状(单位:mm)

附录 D　膜材弹性模量及泊松比的检测

D.1　一般规定

D.1.1　织物类膜材弹性模量及泊松比的检测应按本附录 D.2 节和 D.3 节的检测方法进行双轴拉伸试验。

D.1.2　ETFE 膜材弹性模量及泊松比的检测应按本附录 D.4 节的检测方法进行单轴拉伸试验。

D.2　织物类膜材双轴比例加载法

D.2.1　采用双轴拉伸试验机，对十字形切缝试样，沿膜材经向、纬向施加荷载，得到不同加载状况下膜材经向和纬向的荷载-应变曲线，计算得到工程中实用的膜材的经向、纬向的弹性模量和泊松比。

D.2.2　采用十字形切缝试样，如图 D.2.2 所示。试样应按照膜材的经纬向对称取样，且试样核心区域的臂宽以及伸臂的臂长均不小于 16cm。沿伸臂方向间隔(3～5)cm 做均匀切缝处理，试样过渡圆弧半径(5～15)mm。每个检测批至少应包括 3 块试样。取样方法应按本标准附录 A.0.1 条确定。

D.2.3　检测仪器采用双轴拉伸试验机，试验机应能够按照一定的荷载比例同时在试样的经向、纬向两个方向施加荷载，并实时测量试样经向、纬向的荷载和应变值。经向、纬向两个方向的荷载应同时在试样两侧对称施加，以保证试样的中心点不发生位移。

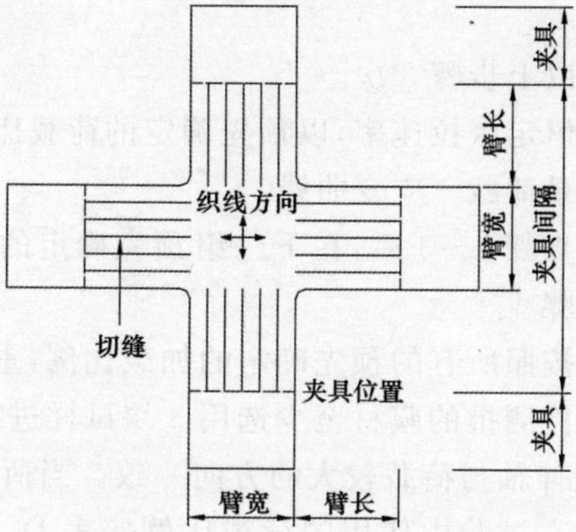

图 D.2.2　切缝十字形试样

D.2.4　检测方法应符合以下规定：

1　检测温度为(20±2)℃，相对湿度为(65±4)%；按现行国家标准《纺织品调湿和试验用标准大气》GB/T 6529 规定的标准大气预调湿、调湿和检测。

2　最大荷载取抗拉强度的 1/4。当膜材经向、纬向的抗拉强度有所区别时，取其中较低值的 1/4 作为试验中的最大荷载。

3　试验中张拉速率应保持恒定，应取(2～10)mm/min。

4　测量应变的装置标记点的原始距离应在(20～80)mm 之间。

5　试样应仔细固定，使试样和夹具之间不发生滑动，保证张拉时外力方向与膜材经纬向保持一致。

6　试样固定于双轴拉伸试验机上，按如下步骤测量荷载-应变曲线：

1) 保持试样经向、纬向的张拉荷载比例为 1∶1，沿标准张拉轴按照恒定张拉速率加载至抗拉强度的 1/4，并记录此时荷载-应变曲线。

2) 加载后立即卸载。卸载过程中保持和加载过程中相同的荷载比例及加(卸)载速率。当荷载到 0 后立即重复步骤 1。

3）重复以上步骤 3 次。

4）按照恒定张拉速率，以预先确定的荷载比例，施加荷载，并记录荷载一应变曲线。

5）重复步骤 1～3 后，在下一组预先确定的加载比例下重复步骤 4。

6）依次按照所有的预先确定的加载比例，重复步骤 1～5。

7）同一检测批的膜材至少选用 3 块试样进行试验。

7　标准拉伸轴与荷载较大的方向一致。当荷载比例为 1∶1 时，与经向一致。试验中使用的荷载比例按表 D.2.4 确定，对每块试样的荷载施加顺序是 1∶1→2∶1→1∶2→1∶0→0∶1。

表 D.2.4　荷载比例

织线方向	荷载比例				
经向	1	2	1	1	0
纬向	1	1	2	0	1

D.2.5　检测结果应按以下规定进行计算：

1　根据双轴拉伸试验中不同经纬向荷载比例下得到的荷载-应变曲线，计算经纬两向的弹性模量和泊松比。计算过程中用到的膜材的厚度应按本标准第 4.2.1 条确定。

2　用于计算的荷载-应变曲线范围：从 2kN/m 的荷载点到 1/4 抗拉强度的荷载点，1/4 抗拉强度的荷载点的位置根据不同荷载比例具体确定。

3　可采用应变项残差平方和最小的最小二乘法计算试样弹性模量和泊松比。取 3 次试验计算的平均值作为最终的试验结果。弹性模量的单位取 N/mm^2，修约至 $10N/mm^2$，泊松比修约至 0.01。

4　应变项残差平方和最小的最小二乘法的计算步骤如下：

1）假定膜材为正交各向异性弹性材料，本构关系按式(D. 2. 5-1)确定。

$$\varepsilon_X=\frac{N_X}{E_X t}-\frac{N_Y}{E_Y t}\nu_Y$$
$$\varepsilon_Y=\frac{N_Y}{E_Y t}-\frac{N_X}{E_X t}\nu_X \quad \text{(D. 2. 5-1)}$$

式中：N_X——十字形膜材试样经向荷载(kN/m)；

N_Y——十字形膜材试样纬向荷载(kN/m)；

ε_X——十字形膜材试样经向应变；

ε_Y——十字形膜材试样纬向应变；

E_X——膜材经向弹性模量(N/mm^2)；

E_Y——膜材纬向弹性模量(N/mm^2)；

ν_X——膜材经向泊松比；

ν_Y——膜材纬向泊松比；

t——膜材厚度(mm)。

2) 按式(D. 2. 5-2)计算 5 条不同经、纬向荷载比例下得到的荷载-应变曲线的应变残差平方和。

$$S=\sum\{(E_{11}N_{Xi}+E_{12}N_{Yi}-\varepsilon_{Xi})^2+(E_{22}N_{Yi}+E_{12}N_{Xi}-\varepsilon_{Yi})^2\}$$
$$+\sum\{(E_{11}N_{Xi}-\varepsilon_{Xi})^2\}+\sum\{(E_{22}N_{Yi}-\varepsilon_{Yi})^2\} \quad \text{(D. 2. 5-2)}$$

式中：$E_{11}=\frac{1}{E_X t}$， $E_{12}=-\frac{\nu_X}{E_X t}=-\frac{\nu_Y}{E_Y t}$， $E_{22}=\frac{1}{E_Y t}$。

式(D. 2. 5-2)的最后一项对应于荷载比例 0∶1 的状况，倒数第二项对应于荷载比例 1∶0 的状况，第一项平方和对应于 1∶1、2∶1、1∶2 三种双轴拉伸状态。

3) E_{11}、E_{12}、E_{22} 相互独立，应用最小二乘法，根据式(D. 2. 5-3)计算 E_{11}、E_{12}、E_{22}。

$$\frac{\partial S}{\partial E_{11}}=\frac{\partial S}{\partial E_{22}}=\frac{\partial S}{\partial E_{12}}=0 \quad \text{(D. 2. 5-3)}$$

4) 根据式(D. 2. 5-4)计算 E_X、E_Y、ε_X、ε_Y。

$$E_X=\frac{1}{E_{11}t}$$

$$E_Y=\frac{1}{E_{22}t}$$

$$\nu_X=-\frac{E_{12}}{E_{11}}$$

$$\nu_Y=-\frac{E_{12}}{E_{22}}$$

(D. 2. 5-4)

D. 2. 6 检测报告除应包括本标准第 3. 3. 2 条的内容外，还应包括：

1 检测温度、湿度条件。

2 样品名称、规格。

3 取样计划、试样数量、舍弃的试样数量及原因。

4 各种加载比例下经向和纬向的荷载-应变曲线。

5 膜材厚度。

6 弹性模量和泊松比的计算结果，并注明其计算方法和弹性常数的残差平方和。

7 任何偏离本标准的细节。

D. 3 织物类膜材双轴比例伸长法

D. 3. 1 织物类膜材双轴比例伸长法，拉伸过程中膜材双向的伸长量按比例增加，而非荷载按比例增加。

D. 3. 2 织物类膜材双轴比例伸长法的其他内容应按本附录 D. 2 节的规定执行。

D. 4 ETFE 膜材单轴拉伸法

D. 4. 1 本方法适用于 ETFE 膜材的弹性模量和泊松比的检测。

D. 4. 2 按本标准 B. 2 节规定的试验方法进行试样的拉伸试验，

得到 ETFE 膜材的应力-应变曲线和屈服应力，做通过应力-应变曲线上对应第一屈服强度点 B 点和起始点的直线 e，并计算该直线的斜率，该斜率即为弹性模量（图 D.4.2）。弹性模量以每组试样结果取算术平均值，单位取 N/mm^2，修约至 $10N/mm^2$。

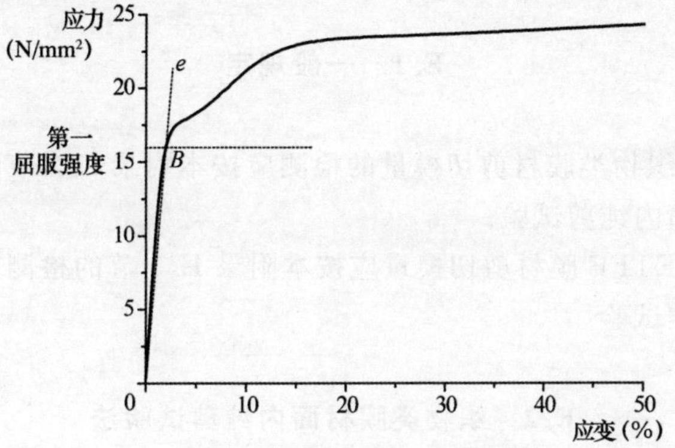

图 D.4.2 弹性模量计算简图

D.4.3 泊松比取第一屈服强度时试验片宽度方向的应变值与长度方向的应变值之比的绝对值，计算结果修约至 0.01。

附录 E　膜材剪切模量的检测

E.1　一般规定

E.1.1　织物类膜材剪切模量的检测应按本附录 E.2 节的检测方法进行面内纯剪试验。

E.1.2　ETFE 膜材剪切模量应按本附录 E.3 节的检测方法进行单轴拉伸试验。

E.2　织物类膜材面内纯剪试验法

E.2.1　将试样固定在一个边框铰链而构成的正方形框架中，框架边平行于膜材的经向或纬向，并在膜材的经向和纬向导入与初期预应力相当程度的预张力。通过在画框对角线方向分别施加拉伸和压缩荷载，使膜材面内产生剪应力和剪应变，然后用二者的平均值计算膜材的面内剪切模量。

E.2.2　试样为不小于 16cm×16cm 的正方形，裁剪方向平行于膜材经向或纬向。每个检测批至少应包括 3 块试样。取样方法应按本标准附录 A.0.1 条确定。

E.2.3　面内剪切变形检测装置为四角铰接的正方形框架，内部尺寸不小于 16cm×16cm。加载装置采用等速伸长试验机。恒定拉压速率为 10mm/min，精度为±10%。如果使用数据采集系统采集力和伸长数值，数据采集的频率不小于 8Hz。指示或记录荷载的允许误差为±1%，指示或记录夹具间距的允许误差为±1mm。试验机应采用适当的夹持装置，保证各部分不产生松弛和滑移。

E.2.4 检测方法应符合以下规定：

1 检测温度为(20±2)℃，相对湿度为(65±4)％；按现行国家标准《纺织品调湿和试验用标准大气》GB/T 6529 规定的标准大气预调湿、调湿和检测。

2 试样的经向、纬向对齐面内剪切变形检测装置的框架，沿经向、纬向两个方向施加预张力，并固定试样。试样应安装牢固，预张拉过程中试样与框架之间不应有滑移。膜面的预张力可取3.0kN/m。

3 将固定到框架上的试样沿对角线方向安装在试验机上，如图 E.2.4 所示，按照恒定速率进行拉伸和压缩。重复拉压 3 次至预定位移，并记录第二次和第三次拉、压过程中正、负最大位移点对应的荷载值。

4 预定位移应使试验平面的剪切变形角为 ±1°。在边长 16cm 的情况下 $\delta_1 = 2.001$mm 和 $\delta_2 = 1.99$mm，实际中取 $\delta_1 = \delta_2 = 2.0$mm。

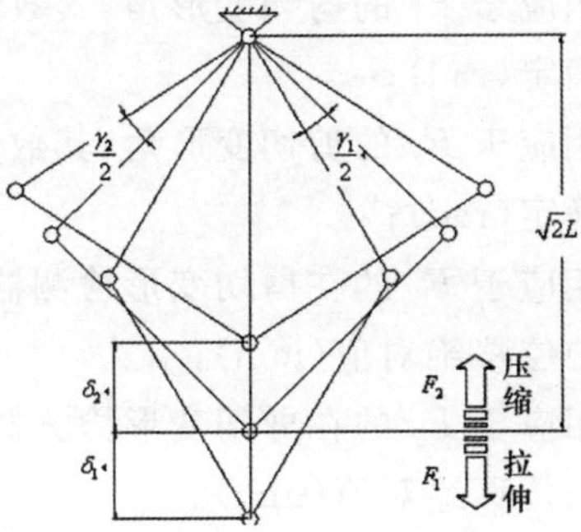

图 E.2.4 剪切模量试验装置图

E.2.5 检测结果应按以下规定进行计算：

1 按式(E.2.5-1)计算试样剪切模量，单位取 N/mm²。取 3 次试验计算的平均值作为最终的试验结果，修约至 1N/mm²。

$$G = \frac{N_{XY1} + N_{XY2}}{(\gamma_1 + \gamma_2)t} = \frac{F_1 + F_2}{\sqrt{2}L(\gamma_1 + \gamma_2)t} \qquad (E.2.5\text{-}1)$$

$$\gamma_1 = 2\left[\frac{\pi}{4} - \cos^{-1}\left(\frac{\sqrt{2}L + \delta_1}{2L}\right)\right] \quad (E.2.5\text{-}2)$$

$$\gamma_2 = 2\left[-\frac{\pi}{4} + \cos^{-1}\left(\frac{\sqrt{2}L - \delta_2}{2L}\right)\right] \quad (E.2.5\text{-}3)$$

式中：G——膜材的剪切模量(N/mm^2)；

t——膜材的厚度，按照本标准第 4.2.1 条确定(mm)；

L——正方形试样的边长(mm)；

F_1——第二次和第三次拉伸过程中记录的拉力值的平均值(N)；

F_2——第二次和第三次压缩过程中记录的压力值的平均值(N)；

N_{XY1}——相应于 F_1 的单位宽度的面内剪切应力绝对值(N/mm)；

N_{XY2}——相应于 F_2 的单位宽度的面内剪切应力绝对值(N/mm)；

γ_1——相应于 F_1 的剪切变形角，其数值由式(E.2.5-2)确定(rad)；

γ_2——相应于 F_2 的剪切变形角，其数值由式(E.2.5-3)确定(rad)；

δ_1——相应于 F_1 的在剪切变形检测器的对角线方向上的位移绝对值(mm)；

δ_2——相应于 F_2 的在剪切变形检测器的对角线方向上的位移绝对值(mm)。

2 当正方形试样边长 $L=16cm$ 时，可根据预先设定的 $\delta_1=\delta_2=2.0mm$，分别代入式(E.2.5-2)和式(E.2.5-3)求出 $\gamma_1=0.017757$ 和 $\gamma_2=0.017600$。

E.2.6 检测报告除应包括本标准第 3.3.2 条的内容外，还应包括：

1 检测温度、湿度条件。

2 样品名称、规格。

3 取样计划、试样数量、舍弃的试样数量及原因。

4 膜材厚度。

5 剪切模量计算结果。

6 任何偏离本标准的细节。

E.3 ETFE 膜材单轴拉伸试验法

E.3.1 本方法适用于 ETFE 膜材剪切模量的检测。

E.3.2 按本标准附录 D.4 节规定的试验方法进行试样的拉伸试验，得到 ETFE 膜材的弹性模量和泊松比。由弹性模量和泊松比按式(E.3.2)计算得到剪切模量。剪切模量修约至 $1N/mm^2$，单位取 N/mm^2。

$$G=\frac{E}{2(1+\nu)} \tag{E.3.2}$$

式中：G——剪切模量(N/mm^2)；

E——弹性模量(N/mm^2)；

ν——泊松比。

附录 F　膜材耐徐变性能的检测

F.1　织物类膜材耐徐变性能的检测

F.1.1　采用单轴拉伸试验，在规定的温度、湿度条件下，沿膜材试样长向施加恒定的拉力，以规定时间段内膜材试样延伸率的变化量作为膜材耐徐变性能的检测结果。

F.1.2　试样的取样方法、试样尺寸应按本标准附录 B.1.2 条确定。每个检测批应包含 1 组常温试样和 1 组高温试样。每组试样包含的经向试样、纬向试样应各不少于 5 条。

F.1.3　检测仪器应符合以下规定：

1　加载装置应能保持外荷载恒定，外荷载允许偏差为±1%。加载装置应具有足够的刚度，避免同时进行检测的试样相互影响；加载装置应能实现平缓加载，避免荷载的突然变化。指示或记录夹具或标线间距的允许偏差为±0.5mm。

2　加温装置应能使装置内各部分的温度保持一致、恒定，加温装置内各部分的温度允许偏差为±2℃。

F.1.4　检测方法应符合以下规定：

1　常温试样，检测温度为(20±2)℃，相对湿度为(65±4)%。沿试样长向施加的恒定张力为该方向试样抗拉强度的 1/4，允许偏差为±10N。保持恒定张力 24h。

2　基材为玻璃纤维的网格膜材以及基材为玻璃纤维涂层为聚四氟乙烯的涂层织物类膜材高温试样，检测温度为(150±5)℃，相对湿度为(65±4)%；其他织物类膜材高温试样，检测温度为(60±2)℃，相对湿度为(65±4)%。沿试样长向施加的恒定张力为该方向试样抗拉强度的 1/10，允许偏差为±5N。

保持恒定张力 6h。

3 启动加载装置,调整记录装置或负荷盘等装置的零点。

4 将加载装置隔距长度调整为(200±1)mm,在夹具中央夹上试样,使其纵向中心线通过夹持面的中心线,以保证拉力中心线通过试样的中线。

5 对各组试样,按规定的检测条件进行试验,分别测量施加恒定张力开始和结束时夹具间的距离。

6 对每一试样重复上述步骤。

7 如果施加恒定张力过程中试样断裂,应记录试样断裂时间。

F.1.5 检测结果应该以下规定进行计算:

1 膜材耐徐变性能以试样的徐变延伸率表示,徐变延伸率按式(F.1.5)计算:

$$\varepsilon_{cf}=\frac{L_2-L_1}{L_0}\times 100\% \tag{F.1.5}$$

式中:ε_{cf}——织物类膜材徐变延伸率;

L_0——隔距长度,$L_0=200$mm;

L_1——恒定张力开始施加时两夹具间距离(mm);

L_2——恒定张力结束施加时两夹具间距离(mm)。

2 分别计算经向试样、纬向试样的徐变伸长率平均值,修约至 0.1%。

3 如果出现试样断裂,则去掉断裂试样计算徐变伸长率平均值,并记录断裂试样的断裂时间、断裂位置。

F.1.6 检测报告除应包括本标准第 3.3.2 条的内容外,还应包括:

1 样品名称、规格。

2 取样计划、试样数量、舍弃的试样数量及原因。

3 耐徐变性能检测的检测条件,包括温度、湿度条件,恒定张力的大小、持续时间等。

4 每组试样各方向的徐变延伸率平均值。

5 恒定张力作用下发生断裂的试样的数量，及各断裂试样的断裂时间、断裂位置等。

6 任何偏离本标准的细节。

F.2 ETFE 膜材耐徐变性能的检测

F.2.1 采用单轴拉伸试验，在规定的温度、湿度条件下，沿膜材试样长向施加恒定的拉力，以规定时间段内膜材试样延伸率的变化量作为膜材耐徐变性能的检测结果。

F.2.2 试样的取样方法、试样尺寸应按本标准附录 B.2.2 条确定。每个检测批应包含 1 组常温试样和 1 组高温试样。每组试样包含的 MD 试样、TD 试样应各不少于 5 条。

F.2.3 检测仪器应符合本附录 F.1.3 条的规定。

F.2.4 检测方法应符合以下规定：

1 常温试样，检测温度为(23±2)℃，相对湿度为(50±4)%。沿试样长向施加的恒定张力使试样中央部应力为 $10N/mm^2$，允许偏差为 $\pm 0.5N/mm^2$。保持恒定张力 24h。

2 高温试样，检测温度为(60±2)℃，相对湿度为(50±4)%。沿试样长向施加的恒定张力使试样中央部应力为 $5N/mm^2$，允许偏差为 $\pm 0.3N/mm^2$。保持恒定张力 6h。

3 启动加载装置，调整记录装置或负荷盘等装置的零点。

4 将加载装置隔距长度调整为所定长度，在夹具中央夹上试样，使其纵向中心线通过夹持面的中心线，以保证拉力中心线通过试样的中线。

5 对各组试样，按规定的检测条件进行试验，分别测量施加恒定张力开始和结束时标线间的距离。

6 对每一试样重复上述步骤。

7 如果施加恒定张力过程中试样断裂，应记录试样断裂时间。

F.2.5 检测结果应按以下规定进行计算：

1 膜材耐徐变性能以试样的徐变延伸率表示，徐变延伸率按式(F.2.5)计算：

$$\varepsilon_{ce}=\frac{L_2-L_1}{L_0}\times 100\% \tag{F.2.5}$$

式中：ε_{ce}—— ETFE 膜材徐变延伸率；

L_0——试样原始标线间距离(mm)；

L_1——恒定张力开始施加时两标线间距离(mm)；

L_2——恒定张力结束施加时两标线间距离(mm)。

2 分别计算 MD 试样、TD 试样的徐变伸长率平均值，修约至 0.1%。

3 如果出现试样断裂，则去掉断裂试样计算徐变伸长率的平均值，并记录断裂试样的断裂时间、断裂位置。

F.2.6 检测报告应符合本附录 F.1.6 条的规定。

附录G 膜材耐候性能的检测

G.0.1 采用氙弧灯光源，连续光照，控制一定的温度、湿度、辐射能、降雨周期和时间，模拟和强化自然气候条件中的光、热、氧、湿气、降雨等主要环境因素，以加速试样的老化，并以试样在一定时间内的辐射能下的抗拉强度的差异作为膜材耐候性能的检测结果。

G.0.2 试样的制备应符合以下规定：

1 试样的取样方法、试样尺寸应按本标准附录B确定。

2 每个检测批应包含1组对照试样和1组耐候试样。

3 每组对照试样的试样数量经向、纬向（或MD、TD方向）应各不少于5条，用以确定初始抗拉强度。

4 每组耐候试样的试样数量经向、纬向（或MD、TD方向）应各不少于5条，用以确定人工气候老化后的抗拉强度。

G.0.3 人工气候加速老化仪器，应符合国家相关标准规定，并应满足下列检测条件：

1 在正常条件下，试样受到（300～1050）nm波长的辐射，其辐照度应大于800W/m^2，低于300nm主辐照度不应大于1W/m^2。在整个试样的面积内，辐照度的允许偏差为±10W/m^2。

2 黑板温度为（63±3）℃。

3 相对湿度为（50±4）%。

4 降雨周期为18min/102min（降雨时间/不降雨时间）。

G.0.4 检测方法应符合以下规定：

1 按本标准附录B的规定进行初始抗拉强度检测。

2 按本附录G.0.3条的规定设定人工气候加速老化试验条件。试样固定于样架时，应避免在试验中膜面产生应力，同时应考虑到试样上下变换位置。检查设备各项性能符合要求后，按其操作规程开动设备进行试验。

3 暴露试验终止时，总辐照度应符合下列条件：

1）对基材为聚酯纤维的织物类膜材，波长在(300～400)nm范围内的总辐照度不小于270MJ/m²。

2）对基材为玻璃纤维的织物类膜材和ETFE类膜材，波长在(300～400)nm范围内的总辐照度不小于1350MJ/m²。

4 对完成人工气候加速老化试验的试样，按本标准附录B的规定进行抗拉强度检测。

G.0.5 检测结果采用老化率γ表示膜材的耐候性能。老化率应首先分别对试样经向和纬向（或MD、TD方向）计算，并以各组试样经向、纬向（或MD、TD方向）结果的均值的较小值为最终结果。

$$\gamma=\frac{F_{b1}-F_{b2}}{F_{b1}}\times 100\% \qquad (G.0.5)$$

式中：γ——老化率，试样老化前后抗拉强度的变化率，修约至0.1%；

F_{b1}——初始抗拉强度；

F_{b2}——人工气候加速老化试验后的抗拉强度。

G.0.6 检测报告除应包括本标准第3.3.2条的内容外，还应包括：

1 样品名称、规格。

2 取样计划、试样数量、舍弃的试样数量及原因。

3 有关暴露的资料（类型、暴露阶段等，如适用，应说明参照的国家标准）。

4 性能试验方法、测试设备、测试条件及试样状态调节过程。

5 初始经向、纬向（或MD、TD方向）抗拉强度的各个测定值和平均值。

6 人工气候加速老化试验后试样经向、纬向(或 MD、TD 方向)抗拉强度的各个测定值和平均值。

7 老化率 γ,同时说明是按照经向还是纬向(或 MD 还是 TD 方向)试验结果计算取值。

附录 H 膜片与膜片连接强度的检测

H.0.1 将具有相同的形式和尺寸的膜片与膜片连接作为一类连接方式，对每类连接按本标准第 6.1.3 条的规定确定取样数量，进行强度检测。连接试样的膜材方向应与工程中保持一致。

H.0.2 检测内容应包括以下方面：

1 对织物类膜材，当膜片与膜片连接为热合或者粘合时，试样尺寸应符合本标准附录 B.1.2 条的规定，试样制作应按图 H.0.2执行。

2 对织物类膜材，当膜片与膜片连接为螺栓连接、编绳连接、夹具连接时，取矩形试样，试样宽度、隔距长度均不应小于膜布螺栓孔或编绳孔间距的 3 倍。

3 ETFE 膜片与膜片应进行热合连接，沿与连接线垂直的截取膜片并加工成哑铃型或长条形试样，试样尺寸应符合本标准附录 B.2.2 条的规定。

4 按照本标准附录 B 的检测方法检测膜片与膜片连接强度。

5 记录膜片与膜片连接试样断裂时的连接强度及连接破坏的形式。膜片与膜片连接连接强度以 F_{mm} 表示，对织物类膜材，单位为 N/5cm，修约至 10N/5cm；对 ETFE 膜材，按式(B.2.5-1)计算，单位为 N/mm^2，修约 0.1 N/mm^2。

6 高温条件下的连接强度可按以上步骤 1～5 进行。基材为玻璃纤维涂层为聚四氟乙烯的涂层织物类膜材应分别进行(150±5)℃和(260±10)℃的两种温度下的连接强度检测，其他织物类膜材以及 ETFE 类膜材的检测温度为(60±2)℃。

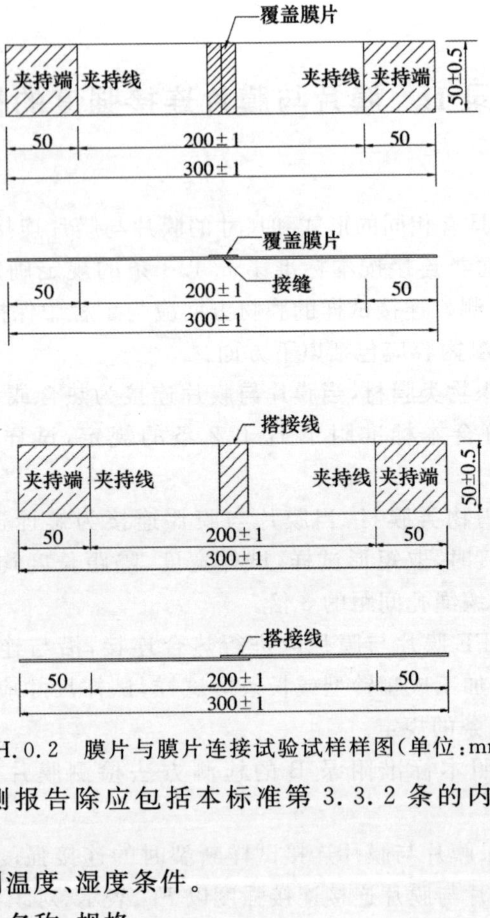

图 H.0.2　膜片与膜片连接试验试样样图(单位:mm)

H.0.3 检测报告除应包括本标准第 3.3.2 条的内容外,还应包括:

1 检测温度、湿度条件。

2 样品名称、规格。

3 连接形式、尺寸的说明。

4 各试样连接强度的检测值、该组的平均值。

5 各试样的破坏形式。

附录J 膜面与刚性边界连接强度的检测

J.0.1 将具有相同的形式和尺寸的膜面与刚性边界连接作为一类连接方式，对每类连接按本标准第 6.1.3 条的规定确定取样数量，进行强度检测。连接试样的膜材方向应与工程中保持一致。

J.0.2 试样的尺寸应符合下列条件：

1 当膜面与刚性边界连接为螺栓连接、夹具连接时，试样宽度不应小于膜片螺栓孔或编绳孔间距的 3 倍。

2 所有的试样膜片宽度、膜片自由长度均不应小于 200mm。

3 试样的制作可按照图 J.0.2 执行。

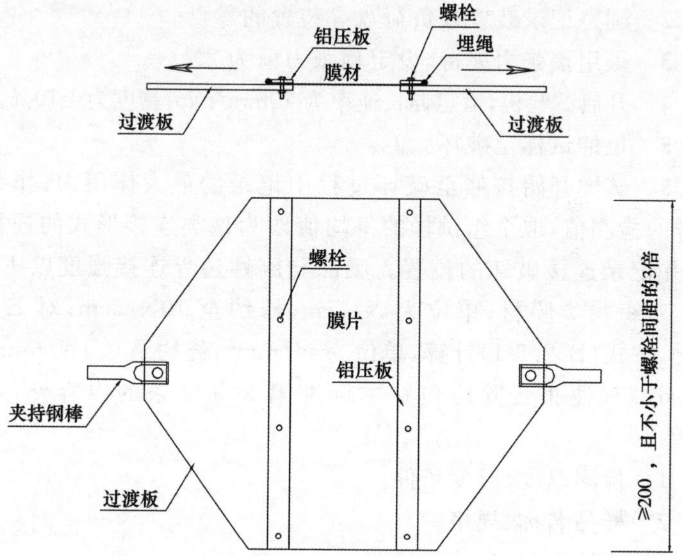

图 J.0.2 膜面与刚性边界连接强度试样样图（单位：mm）

J.0.3 检测仪器采用等速伸长试验机，试验机应具有指示或记录加于试样上使其拉伸直至破坏的作用力的装置。在仪器满量程内的任意点上，指示或记录断裂力的允许误差为±1%，指示或记录夹具间距的允许误差为±1mm。仪器应可以进行恒定速率为 20mm/min 的拉伸。夹具设置应使试样在被拉伸过程中不发生滑移。

J.0.4 检测方法应符合以下规定：

1 对织物类膜材，检测温度为(20±2)℃，相对湿度为(65±4)%；按照现行国家标准《纺织品的调湿和试验用标准大气》GB 6529 规定对试样进行预调湿、调湿和检测。对 ETFE 膜材，检测温度为(23±2)℃，相对湿度为(50±4)%；按照现行国家标准《塑料试样状态调节和试验的标准环境》GB 2918 规定对试样进行预调湿、调湿和检测。

2 调整记录装置或负荷盘等装置的零点。

3 采用预张力夹持，设定预张力值为 2N。

4 开启试验机，恒定伸长速率为 20mm/min，精度为±10%。

5 拉伸试样至破坏。

J.0.5 试样开始拉伸至破坏过程中记录的最大作用力，作为该试样的检测值，取全组试样的平均值作为该类连接形式的连接强度，并记录连接破坏的位置。膜面与刚性边界连接强度以 F_{mr} 表示。对织物类膜材，单位为 N/5cm，修约至 10N/5cm；对 ETFE 膜材，按式(B.2.5-1)计算，单位为 N/mm^2，修约至 $0.1N/mm^2$。

J.0.6 检测报告除应包括本标准第 3.3.2 条的内容外，还应包括：

1 检测温度、湿度条件。

2 样品名称、规格。

3 连接形式、尺寸的说明。

4 各试样连接强度的检测值、该组的平均值。

5 各试样的破坏形式。

附录 K　膜面与柔性边界连接强度的检测

K.0.1　将具有相同的形式和尺寸的膜面与柔性边界连接作为一类连接方式，对每类连接按本标准第 6.1.3 条的规定确定取样数量，进行强度检测。连接试样的膜材方向应与工程中保持一致。

K.0.2　试样的宽度应符合下列条件：

1　当膜面与柔性边界连接为编绳连接、夹具连接时，试样宽度不应小于编绳孔间距或夹具螺栓孔的 3 倍。

2　所有的试样膜片宽度、膜片自由长度均不应小于 200mm。

3　试样的制作可按照图 K.0.2 执行。

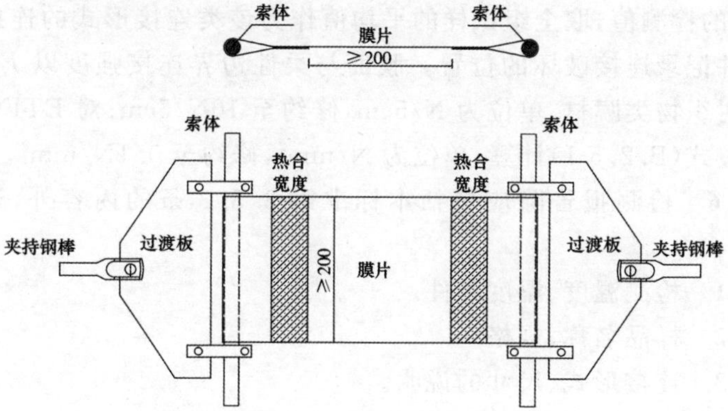

图 K.0.2　膜面与柔性边界膜套连接强度试样样图(单位:mm)

K.0.3　检测仪器采用等速伸长试验机。试验机应具有指示或记录加于试样上使其拉伸直至破坏的作用力的装置。在仪器满量程内的任意点上，指示或记录断裂力的允许误差为±1%，指示或记录夹具间距的允许误差为±1mm。仪器应可以进行恒定速率为 20mm/min 的拉伸。夹具设置应使试样在被拉伸过程中不发生滑移。

K.0.4 检测方法应符合以下规定：

1 对织物类膜材，检测温度为(20±2)℃，相对湿度为(65±4)%；按照现行国家标准《纺织品的调湿和试验用标准大气》GB 6529规定对试样进行预调湿、调湿和检测。对ETFE膜材，检测温度为(23±2)℃，相对湿度为(50±4)%；按照现行国家标准《塑料试样状态调节和试验的标准环境》GB 2918规定对试样进行预调湿、调湿和检测。

2 调整记录装置或负荷盘等装置的零点。

3 采用预张力夹持，设定预张力值为2N。

4 开启试验机，恒定伸长速率为20mm/min，精度为±10%。

5 拉伸试样至破坏。

K.0.5 试样开始拉伸至破坏过程中记录的最大作用力，作为该试样的检测值，取全组试样的平均值作为该类连接形式的连接强度，并记录连接破坏的位置。膜面与柔性边界连接强度以F_{ms}表示，对织物类膜材，单位为N/5cm，修约至10N/5cm；对ETFE膜材，按式(B.2.5-1)计算，单位为N/mm^2，修约至0.1N/mm^2。

K.0.6 检测报告除应包括本标准第3.3.2条的内容外，还应包括：

1 检测温度、湿度条件。

2 样品名称、规格。

3 连接形式、尺寸的说明。

4 各试样连接强度的检测值、该组的平均值。

5 各试样的破坏形式。

附录L　膜顶和膜角连接强度的检测

L.0.1　将具有相同的形式和尺寸的膜顶或膜角连接作为一类连接方式，对每类连接按本标准第6.1.3条的规定确定取样数量，进行强度检测。连接试样的经纬方向应与工程中保持一致。

L.0.2　膜顶、膜角连接强度的检测应采用足尺试验。膜顶、膜角试样的制作可按图L.0.2-1和图L.0.2-2执行。

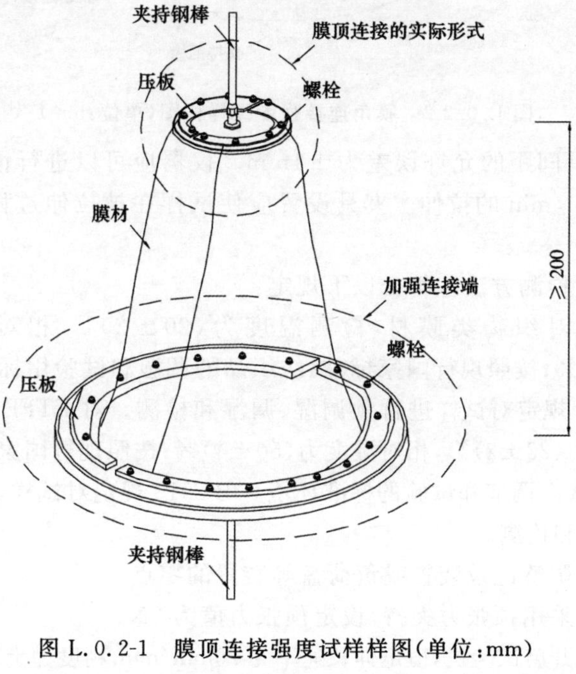

图L.0.2-1　膜顶连接强度试样样图(单位:mm)

L.0.3　检测仪器采用等速伸长试验机。试验机应具有指示或记录加于试样上使其拉伸直至破坏的作用力的装置。在仪器满量程内的任意点上，指示或记录断裂力的允许误差为±1%，指示或

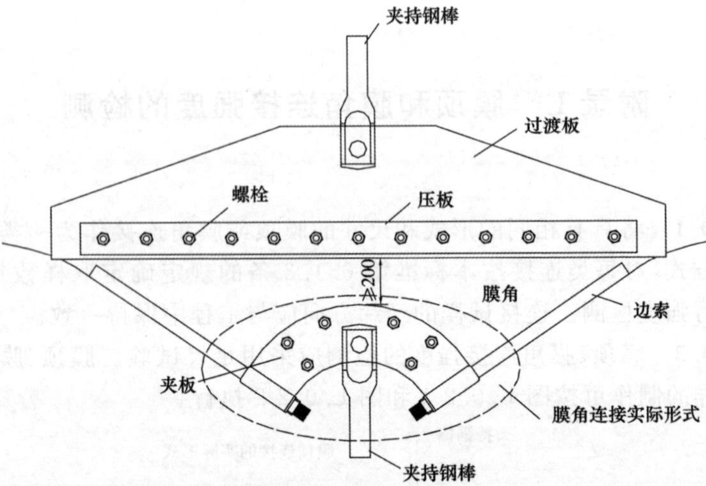

图 L.0.2-2　膜角连接强度试样样图(单位:mm)

记录夹具间距的允许误差为±1mm。仪器应可以进行恒定速率为 20mm/min 的拉伸。夹具设置应使试样在被拉伸过程中不发生滑移。

L.0.4　检测方法应符合以下规定:

1　对织物类膜材,检测温度为(20±2)℃,相对湿度为(65±4)%;按照现行国家标准《纺织品的调湿和试验用标准大气》GB 6529 规定对试样进行预调湿、调湿和检测。对 ETFE 膜材,检测温度为(23±2)℃,相对湿度为(50±4)%;按照现行国家标准《塑料试样状态调节和试验的标准环境》GB 2918 规定对试样进行预调湿、调湿和检测。

2　调整记录装置或负荷盘等装置的零点。

3　采用预张力夹持,设定预张力值为 2N。

4　开启试验机,恒定伸长速率为 20mm/min,精度为±10%。

5　拉伸试样至破坏。

L.0.5　试样开始拉伸至破坏过程中记录的最大作用力,作为该试样的检测值,取全组试样的平均值作为该类连接形式的连接强度，并记录连接破坏的位置。膜顶、膜角连接强度以 F_{mp} 表示，单位为 N，修约至 10N。

L.0.6 检测报告除应包括本标准第 3.3.2 条的内容外，还应包括：

1 检测温度、湿度条件。

2 样品名称、规格。

3 连接形式、尺寸的说明。

4 各试样连接强度的检测值、该组的平均值。

5 各试样的破坏形式。

附录M　膜面现场淋水检验方法

M.0.1　将膜面淋水试验装置安装在被检膜面的外表面，喷水水嘴离膜面的距离不应小于530mm，并应在被检膜面表面形成连续水幕。每一检验区域喷淋面积应为1 800mm×1 800mm，喷水量不应小于4L/(m^2·min)，喷淋时间应持续5min，在室内应观察有无渗漏现象发生。

M.0.2　膜面淋水试验装置(图M.0.2)，在1 800mm×1 800mm范围内，单个喷嘴喷淋直径应为1060mm，四个喷嘴喷淋面积应为3.53m^2，淋水总量不应小于14L/min。

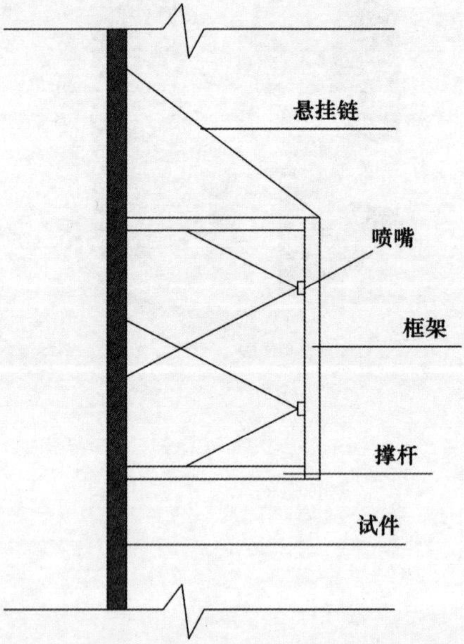

图M.0.2　膜面淋水试验装置安装示意

M.0.3 喷嘴应安装在框架上，框架应用撑杆与被测膜面连接，水管应与喷嘴连接，并引至水源。当水压不够时，应采用增压泵增压。水流量的监测可采用转子流量计或压力表两种形式。

附录N 充气膜系统的充气性能检测方法

N.0.1 检测对象为一个可独立运行的充气膜系统，包括气承式、气肋式、气枕式膜结构，及其充放气机械设备与压力控制系统。

N.0.2 检测条件应符合以下规定：

1 充气膜系统的基本性能检测符合本标准第8.1节的规定。

2 风力3级以下，无雪载荷、无活载荷，仅自重、恒载。

N.0.3 检测方法应符合以下规定：

1 对新建充气膜系统，从膜结构在地面状态开始，对膜结构进行最大功率充气，使膜结构充气至稳定形态并达到最大内压力，采用专用测量与控制设备测量充气系统的充气力量和压力，记录测点压力-时程曲线、供气系统流量-压力曲线。

2 对已建充气膜系统，首先将内压降低至最小设计内压，然后对膜结构进行最大功率充气，使膜结构充气至最大内压力，采用专用测量与控制设备测量充气系统的充气力量和压力，记录测点压力-时程曲线、供气系统流量-压力曲线。

N.0.4 测点压力-时程曲线、供气系统流量-压力曲线为表征充气系统的充气性能的动态曲线，最大压力、最大流量为两个主要指标。

附录P　充气膜系统的气密性能检测方法

P.0.1　检测对象为一个可独立运行的充气膜系统，包括气承式、气肋式、气枕式膜结构，及其充放气机械设备与压力控制系统。

P.0.2　检测条件应符合以下规定：

1　充气膜系统的基本性能检测符合本标准第8.1节的规定。

2　无风或3级以下，无雪载荷、无活载荷，仅自重、恒载。

P.0.3　检测方法应符合以下规定：

1　将充气膜结构系统快速充气至规定气压值380Pa。

2　关闭旋转门和应急门、供气系统等，使充气膜结构处于自然泄气，泄气至最小设计内压或规定时间。采用专用测量与控制设备测量充气系统的压力，记录测点压力-时程曲线。

P.0.4　测点压力-时程曲线为表征充气系统的气密性能的动态曲线，并计算漏气率，380Pa内压下的空气漏气率是反应充气膜系统气密性能主要指标。

本标准用词说明

1 为了便于在执行本标准条文时区别对待，对要求严格程度不同的用词说明如下：

1） 表示很严格，非这样做不可的用词：

正面词采用“必须”；

反面词采用“严禁”。

2） 表示严格，在正常情况下均应这样做的用词：

正面词采用“应”；

反面词采用“不应”或“不得”。

3） 表示允许稍有选择，在条件许可时首先这样做的用词：

正面词采用“宜”；

反面词采用“不宜”。

4） 表示有选择，在一定条件下可以这样做的用词，采用“可”。

2 标准中指定应按其他有关标准、规范执行时，写法为：“应符合……的规定”或“应按……执行”。

引用标准名录

下列文件对于本标准的应用是必不可少的。凡是注日期的引用文件，仅注日期的版本适用于本标准。凡是不注日期的引用文件，其最新版本（包括所有的修改单）适用于本标准。

1 《金属材料拉伸试验方法》GB/T 228.1

2 《纸和纸板耐折度的测定》GB/T 457

3 《塑料拉伸性能的测定》GB/T 1040

4 《建筑玻璃可见光透射比、太阳光直接透射比、太阳能总透射比、紫外线透射比及有关窗玻璃参数的测定》GB/T 2680

5 《塑料试样状态调节和试验的标准环境》GB/T 2918

6 《紧固件机械性能》GB/T 3098

7 《塑料导热系数试验方法护热平板法》GB 3399

8 《纺织品织物拉伸性能》GB/T 3923

9 《锻轧钢棒超声检测方法》GB/T 4162

10 《建筑材料不燃性试验方法》GB/T 5464

11 《塑料滚动磨损试验方法》GB 5478

12 《钢锻件超声检测方法》GB/T 6402

13 《纺织品调湿和试验用标准大气》GB/T 6529

14 《塑料薄膜和薄片厚度测定机械测量法》GB/T 6672

15 《建筑外门窗气密、水密、抗风压性能分级及检测方法》GB/T 7106

16 《铸钢件超声检测　第1部分：一般用途铸钢件》GB/T 7233.1

17 《增强材料机织物试验方法　第1部分：厚度的测定》GB/T 7689.1

18 《增强材料机织物试验方法　第 2 部分：经、纬密度的测定》GB/T 7689.2
19 《建筑外门窗保温性能分级及检测方法》GB/T 8484
20 《建筑材料及制品燃烧性能分级》GB 8624
21 《建筑材料难燃性试验方法》GB/T 8625
22 《铸钢件磁粉检测》GB/T 9444
23 《塑料薄膜拉伸性能试验方法》GB 13022
24 《建筑密封材料试验方法》GB/T 13477
25 《直缝电焊钢管》GB/T 13793
26 《建筑用硅酮结构密封胶》GB 16776
27 《橡胶或塑料涂覆织物低温弯曲试验》GB/T 18426
28 《声学建筑和建筑构件隔声测量》GB/T 19889
29 《声学混响室吸声测量》GB/T 20247
30 《钢拉杆》GB/T 20934
31 《建筑物围护结构传热系数及采暖供热量检测方法》GB/T 23483
32 《建筑门窗、幕墙用密封胶条》GB/T 24498
33 《钢结构工程施工质量验收规范》GB 50205
34 《建筑工程施工质量验收统一标准》GB 50300
35 《建筑结构检测技术标准》GB/T 50344
36 《钢结构现场检测技术标准》GB/T 50621
37 《建筑与桥梁结构监测技术规范》GB 50982
38 《涂层织物　厚度试验方法》FZ/T 01003
39 《涂层织物　涂层厚度的测定》FZ/T 01006
40 《涂层织物　涂层剥离强力的测定》FZ/T 01010
41 《锻钢件磁粉检测》JB/T 8468
42 《预应力筋用锚具、夹具和连接器应用技术规程》JGJ 85
43 《索结构技术规程》JGJ 257
44 《承压设备无损检测　第 5 部分：渗透检测》NB/T 47013.5

45 《塑料直角撕裂性能试验方法》QB/T 1130

46 《不锈钢拉索》YB/T 4294

47 《钢结构检测与鉴定技术规程》DG/TJ 08－2011

48 《膜结构技术标准》DG/TJ 08－97

上海市工程建设规范

膜结构检测标准

DG/TJ 08－2019－2019
J 11015－2020

条文说明

2020　上海

目　次

Contents

1 总 则

1.0.1 本条是编制本标准的宗旨。膜结构检测得到的数据与结论是进行膜结构工程验收、评定有争议膜结构工程质量、鉴定既有膜结构性能的依据。

近年来，随着膜结构工程的日益增多，膜结构工程质量的问题越来越引起重视。同时，膜结构的检测技术，尤其是膜材料性能检测以及膜结构无损检测的技术得到了很大的发展。但目前国内尚没有针对膜结构检测工作的技术标准，使得膜结构的检测工作标准不统一，不能与已有的膜结构技术标准相衔接。

为更好地配合上海市工程建设规范《膜结构技术标准》DG/TJ 08－97 的贯彻执行，为膜结构工程质量的检测与评定以及现有膜结构性能的检测与鉴定提供可靠、统一的检测数据和检测结论，制定本标准。

1.0.2 本条规定了本标准的适用范围。近年来，建筑用膜材料的种类不断丰富，除了常用的织物类膜材以外，以 ETFE 膜材为代表的热塑化合物类膜材也日益受到重视和广泛应用。因此，本标准的编制对采用这两类膜材料的膜结构检测分别作出了规定。

膜结构工程质量检测对象一般是新建、在建膜结构工程，通过检测为膜结构施工质量的检验和验收提供可靠依据，其检测对象和检测内容参见本标准第 3.1.1 条的规定和相应的条文说明。既有膜结构性能检测的对象一般为正在使用的膜结构，其检测对象和检测内容参见本标准第 3.1.2 条、第 3.1.3 条和第 12 章的规定及相应的条文说明。

1.0.3 本条规定在膜结构的检测工作中，除执行本标准的规定外，尚应执行国家及本市现行相关标准的规定。这些现行标准主要是《建筑结构检测技术标准》GB/T 50344、《建筑工程施工质量验收统一标准》GB 50300、《钢结构现场检测技术标准》GB/T 50621 和《膜结构技术标准》DG/TJ 08－97 等工程施工质量验收规范以及相关的建筑材料、产品标准等。

3 基本规定

3.1 检测范围和分类

3.1.1 本条给出了新建膜结构工程质量的检测应包含的内容和确定检测内容的原则。

本标准的编制主要以现行国家标准《建筑结构检测技术标准》GB/T 50344为依据,重点对膜结构特有的材料性能、连接与节点、预张力、尺寸与偏差、外观质量、充气膜系统性能以及建筑物理性能等项目的检测方法进行了规定。对非膜结构特有的其他检测项目,检测方法和检测规则应按《建筑结构检测技术标准》GB/T 50344以及其他现行相关标准执行。膜结构的检测工作程序可按《建筑结构检测技术标准》GB/T 50344中的规定执行。

膜结构的规模和用途有很大区别,既有面积在几十平方米的膜结构小品,也有面积数万平方米的大型膜结构。建议对展开面积大于或等于3 500m^2的膜结构,或使用年限要求大于或等于5年的膜结构按本标准的规定进行检测。具体检测项目的确定应由相关管理部门、业主、设计和施工等各方共同确定。例如,对充气膜结构应进行连接与节点的气密性检测,对重要膜结构宜按本标准的规定进行全部项目的检测。

3.1.2～3.1.3 本条给出了既有膜结构的检测内容和应进行检测的情况。

既有膜结构建设时如果没有保存与膜面材料相同并经历类似环境的膜材,很难对膜面材料性能进行检测。因此,既有膜结构检测的重点是预张力、尺寸与偏差以及外观质量等现场无损检测项目。如建设时保存了膜面材料,可按本标准规定进行膜材材性的检测。

3.2 检测方案

3.2.1～3.2.2 膜结构的检测方案应根据检测的目的、膜结构现状的调查结果来制定，宜包括概况、检测的目的、检测依据、检测项目、选用的检测方法和检测数量等以及所需要的配合、安全和环保措施等。检测方案应征求委托方的意见，可由委托方组织相关专业人员审定。

膜结构的材料性能检测与现场无损检测技术的发展十分迅速。对某些检测项目，常用的检测方法并不局限于一种。例如，本标准对织物类膜材的弹性模量和泊松比检测提供了两种检测方法。委托方可以根据膜结构工程的规模和用途等选用不同的检测方法。

3.3 检测报告

3.3.1～3.3.2 膜结构检测报告除应包括所做检测项目的检测结果，还应对检测结果做出评定。

由于膜结构工程质量的检测是为了确定所检测的膜结构的质量是否满足设计文件和验收的要求，因此检测报告中应作出检测项目是否满足这些要求的结论。对既有膜结构的检测应能满足相应的鉴定要求。

除按现行上海市工程建设规范《膜结构技术标准》DG/TJ 08－97给出的评定标准进行检测结果的评定，还可按其他国家及本市现行相关标准中的评定标准进行评定，包括《建筑结构检测技术标准》GB/T 50344、《建筑工程施工质量验收统一标准》GB 50300 等。

3.4 检测设备和检测人员

3.4.1 提出检测仪器设备应进行定期检定的要求。

3.4.2 对实施膜结构检测的人员提出了人数方面的要求，同时由于尚无相应的检测人员资质要求，实施膜结构检测的人员应经过专业培训并能熟练掌握检测仪器及检测标准。

4 膜材性能

4.1 一般规定

4.1.1 本条给出了膜材性能检测的主要项目，超出本标准规定的膜材性能检测的项目可参照国家及本市现行相关标准进行检测。

膜材的厚度（总厚度和涂层厚度）、面密度、经纬密度是反映膜材基本性能的主要参数。其中总厚度、面密度是织物类膜材和ETFE膜材共有的检测项目，而涂层厚度、经纬密度是织物类膜材独有的检测项目。

膜材力学性能的检测项目可分为抗拉强度及断裂延伸率、撕裂强度、涂层剥离强度、弹性模量及泊松比、剪切模量、耐徐变性能、反复弯折性能以及耐磨性能等。其中涂层剥离强度是涂层织物类膜材独有的检测项目，其他力学性能的检测项目是织物类膜材和ETFE膜材共有的。

膜材的建筑物理性能的检测项目可分为耐候性能、声学性能、光学性能以及热学性能等。

4.1.2 膜材料的检测应按要求划分检测批，并根据规定的比例和规定的取样方法进行抽样检测。

4.3 力学性能

4.3.1 本标准附录B给出了膜材抗拉强度及断裂延伸率的检测方法。检测结果应按国家及本市现行相关标准进行评定。

膜材抗拉强度及断裂延伸率的检测通过单轴拉伸试验完成。但目前国内外尚无专门针对膜材料抗拉强度及断裂延伸率的统一检测方法。对织物类膜材，通常参照织物类材料的检测标准；对 ETFE 膜材，通常参照塑料类材料的检测标准。表 1 所示为针对织物类膜材，国外主要测试标准采用的试样形状、尺寸及试验条件。

表 1　膜材单轴拉伸试验测试标准和试验条件

测试标准	BS 3424	DIN 53354	ASTM 4851	JISL 1096	ISO 1421
夹持距(mm)	200±1	200±1	75±1	200±1	200±1
试件宽度(mm)	50	50	25.4	30	50
加载速率(mm/min)	100±10	100±10	50±3	200±10	100±10
测试指标	F_b(N/5cm) ε_f(%)	F_b(N/5cm) ε_f(%)	F_b(N/2.5cm) ε_f(%)	F_b(N/3cm) ε_f(%)	F_b(N/5cm) ε_f(%)

试验结果表明，采用 ASTM 4581 标准测得的膜材断裂强度与断裂伸长率最高，采用 JISL 1096 标准的最低，BS 3424、DIN 53354 与 ISO 1421 三个标准测试条件基本相同，其结果居中。因此，本标准主要参考 DIN 53354 标准以及现行国家标准《纺织品 织物拉伸性能》GB/T 3923 制定了膜材抗拉强度及断裂延伸率的检测方法。

对于织物类膜材，条样法和抓样法是两种常用的抗拉强度试验方法。其中，条样法又包括切割条样和拆纱条样两种试样准备方法。考虑到试验的方便性和一致性，本标准采用条样法进行抗拉强度试验，并以切割条样准备试样。

试样的夹头需要特殊处理，避免夹持位置的断裂，处理方法有试样在夹持处加强、试验机夹头内贴塑料、橡胶等防护层，采用有线条槽或波纹面的夹具，或者缠绕式夹具。使用缠绕式夹具时需要使用大变形引伸计测量试样变形。

膜材的抗拉强度是评价膜材力学性能最为重要的指标，而膜材在实际结构中经常处于高温或者潮湿条件下，研究表明温度、湿度变化对膜材的抗拉强度有较大影响，因此对重要工程，应进行膜材抗拉强度在高温条件以及潮湿条件下的检测。

ETFE 膜材的抗拉强度、屈服应力和断裂延伸率的检测根据现行国家标准《塑料拉伸性能的测定》GB/T 1040 制定。试验的拉伸速度将对测试结果产生影响，国外测试方法一般选取应变速度为 100%/min 的拉伸速度。当采用哑铃形试样时，为使试样中间标线间的应变速度为 100%/min，拉伸速度应取 57mm/min，为便于试验，本标准取拉伸速度 50mm/min。

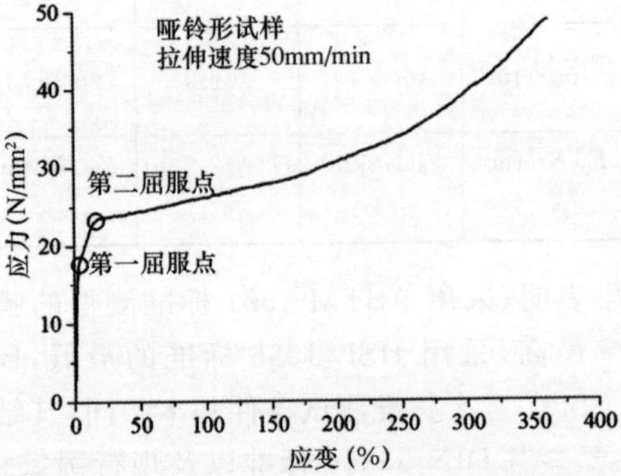

图 1　ETFE 膜材单向拉伸曲线

图 1 为 ETFE 膜材的单向拉伸试验曲线实例。从拉伸起始到最后断裂为止，应力-应变曲线经历了两个比较明显的刚性变化转折点，这两个转折点分别被定义为 ETFE 膜材的第一屈服点和第二屈服点。第一屈服点之前应力-应变呈近似直线关系，可以认为材料处于弹性状态。经过第一屈服点后，应力-应变曲线仍保持近似直线，但直线的斜率迅速减小，可以认为材料发生屈服。当应力超过第二屈服点后，材料迅速被拉长，随着应变的大幅度增加，逐渐出现应力强化并最终断裂。试验统计结果还表明，第一

及第二屈服强度数据标准差较小，屈服强度是描述 ETFE 膜材强度值的可靠指标。

本标准附录 B 规定了试验确定 ETFE 膜材第一及第二屈服点的方法。

4.3.2 本标准附录 C 给出了膜材撕裂强度的检测方法。

膜材在鸟类、树枝等外来飞行物体作用下发生微小破损时，在完成修补之前膜面的破损可能会因强风而扩展。膜材的撕裂强度是衡量破损发生扩展的重要指标。

常用的织物类膜材撕裂强度的检测方法有梯形撕裂法、单舌撕裂法、双舌撕裂法以及冲击摆锤法等。

其中，梯形撕裂法的撕裂模式与实际工程膜面撕裂破坏类似，撕裂模式简单，结果的一致性好。撕裂过程中，垂直于拉伸方向的纱线几乎不起作用，主要是平行于拉伸方向的纱线因应力集中逐渐被拉伸断裂。同时，梯形撕裂试验的测试方法简单、试样制备方便。考虑到试验的方便性和一致性，本标准采用梯形撕裂法检测膜材撕裂强度。各种撕裂试验结果由于撕裂模式的不同不具有可比性。

根据试验记录的荷载-伸长量曲线确定膜材的撕裂强度，国内外相关规程方法各不相同，或只考虑最大的负荷峰峰值，或考虑若干个最大负荷峰峰值的平均值，或通过荷载-伸长量曲线的有效面积进行折算。考虑到试验的一致性，本标准确定的结果计算方法为：计算经向、纬向每块试样的试验记录的 5 个最大负荷峰峰值的平均值，然后分别计算经向、纬向试样的平均值。不同的结果计算方式得到的撕裂强度也不具有可比性。

ETFE 膜材的单位厚度直角撕裂强度一般在 170N/mm 以上，表 2 为厚度为 200μm 的 ETFE 膜材撕裂强度实测值。

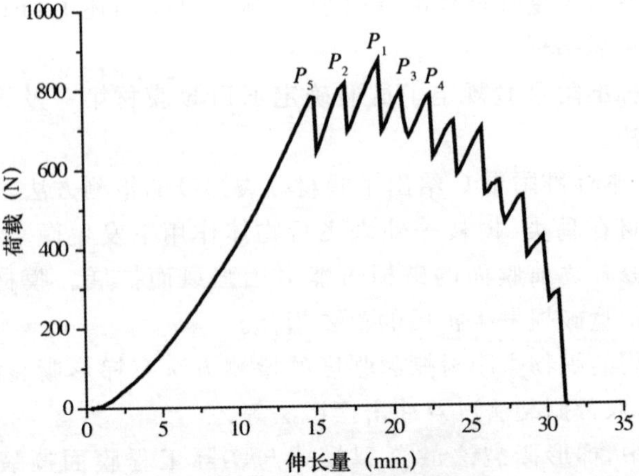

图 2　某织物类膜材撕裂曲线

表 2　ETFE 膜材撕裂强度实测值

试样	1	2	3	4	5	平均值
撕裂强度（N/mm）	172.6	174.1	185.5	189.5	174.3	179.2

4.3.4　本标准附录 D 给出了膜材弹性模量及泊松比的检测方法。

膜材的弹性模量和泊松比是膜结构设计、计算的重要参数。织物类膜材料是一种各向异性材料，通常假定为以膜材经向和纬向为主轴的正交各向异性材料。而且由于膜材始终处于双轴拉伸的工作状态，因此采用双轴拉伸试验是检测膜材弹性模量及泊松比的较为准确的方法。目前国际上尚未有统一的试验方法，不同试验方法的检测结果有一定的差别。本标准参照日本标准制定检测方法。除本标准列出的检测方法，参照相关国外标准试验得到的膜材弹性模量和泊松比也可以用于膜结构设计、计算。但应在报告中注明所参照的规范和试验方法，且各种试验方法得到的结果并不具有可比性。

织物类膜材经纬向纱线卷曲交替作用，使得膜材本身具有强非线性、大蠕变性等特征，很难认定为弹性材料。然而在实际的膜结构的应力、变形分析中，目前的结构计算方法通常以弹性理论为基础，因此，在本标准给出的弹性模量和泊松比的测试方法中，假定膜材为正交各向异性弹性材料。

理论上，正交各向异性弹性体的泊松比不会达到或超过 0.5；然而，织物类膜材由于经纬向纱线的卷曲交替作用，其泊松比有时会超过 0.5。

更进一步，在正交各向异性弹性材料中，经纬向的张拉刚度和泊松比之间应满足“互逆关系”。然而，多数情况下实际膜材以上各值的实测值并不满足“互逆关系”，这一点其实是与将膜材视为正交各向异性弹性材料的假定不相符的。

膜材有很强的非线性，但目前的膜结构分析中通常都将膜材在一定的应力范围内视为线性材料。本标准取初始张力到膜材抗拉强度的 1/4 的范围内对膜材荷载一应变曲线进行线性化。这与目前膜结构安全系数的取值也是基本吻合的。

这是因为实际使用中考虑了安全系数的因素，膜材的实际应力一般最大只达到其抗拉强度的 1/4。

本标准对膜材双向按比例拉伸前进行的反复张拉，主要考虑到消除膜材的卷曲交替效应。这与实际中通常在膜结构安装前对膜材进行反复张拉以消除膜材纱线间的松弛是一致的。

膜材的弹性常数受荷载施加的顺序、比例、大小的影响比较明显。理论上，应针对每次工程确定不同的弹性常数，但是这并不现实。本标准确定了一组给定张拉比例和顺序下的双轴拉伸试验，可以统计得到比较通用的弹性常数。获得的结果并非完全和实际膜结构中用到的设计用膜材常数一致。

双向张拉试验中不同荷载比例下的各条荷载-应变曲线一般都不能满足织物类膜材的互逆关系。因此，试验获得的曲线必须由能满足互逆关系的曲线替代。使用最小二乘法完成此替代过程。这其中又包括应变项残差平方和最小的方法和应力项残差平方和最小的方法两种可行的方法。考虑到计算过程的简便性，本标准推荐使用前者。

ETFE膜材的弹性模量的计算方法有取材料应力-应变曲线最初直线段的斜率(切线斜率)、应力-应变曲线上对应于第一屈服强度的点与原点连线的斜率(割线斜率)等方法。由试验结果得到的割线斜率的数值比较稳定,因此本标准参考国外的检测方法,取应力-应变曲线上对应于第一屈服强度的点与原点连线的斜率作为ETFE膜材的弹性模量。

ETFE膜材在压延制作时,沿MD和TD方向的材料应力-应变曲线可能会有差异,但对于厚度为(20～250)μm的膜材,一般可以认为是各向同性材料。当拉伸试验中得到的MD和TD方向的拉伸应力-应变曲线有明显差异时,应考虑材料的各向异性。

4.3.5 本标准附录E给出了膜材剪切模量的检测方法。

膜材的剪切模量是膜结构设计、计算的重要参数。目前国际上尚未有统一的试验方法,不同试验方法的检测结果有一定的差别。本标准参照日本标准制定检测方法。除本标准列出的检测方法,参照相关国外标准试验得到的膜材剪切模量也可以用于膜结构设计、计算。但应在报告中注明所参照的规范和试验方法,且各种试验方法得到的结果并不具有可比性。

本标准确定的织物类膜材剪切模量的检测方法是基于使膜片产生纯剪变形,并通过测量剪应力和剪应变,计算膜材剪切模量的。

预张力的导入对于试验是必需的。因此,试件的制备过程中必须和膜材双向拉伸设备配合使用,导入确定的预张力。

实际工程的膜面预张力各有不同,虽然预张力的变化对膜材剪切模量的检测结果有一定的影响,但是为保证检测方法、结果的一致性,本标准规定预张力为3.0kN/m^2。如针对具体工程采用其他的预张力值检测膜材剪切模量,应给予注明。

面内剪切装置的边框应能牢固、可靠的保持试样的预张力值，并避免试样边缘的滑移等。

面内剪切装置的对角线变形不应过大，以避免膜材试样可能出现褶皱现象。本标准预定的位移设置成使试验平面的剪切变形角是±1°时的位移，实际中取 $\delta_1=\delta_2=2.0$mm。

4.3.6 本标准附录 F 给出了膜材耐徐变性能的检测方法。

不论是织物类膜材，还是 ETFE 膜材，在拉伸作用下都有很显著的徐变现象。对于膜结构的裁剪分析和张力导入，膜材的耐徐变性能都非常重要。同时，温度条件对膜材的耐徐变性能影响很大。因此，本标准规定分别检测常温条件和高温条件两种情况下的耐徐变性能。

为使试验结果具有一致性，膜材耐徐变性能的试样与其相对应的断裂延伸率检测试样一致。

常温条件下，恒定张力为膜材同方向抗拉强度的 1/4（织物类膜材）或 10N/mm^2（ETFE 类膜材），这与目前膜结构安全系数的取值是基本吻合的。高温条件下，恒定张力取值较小、保持时间较短，这是因为高温条件会加剧膜材徐变，而且实际中出现高温条件的情况相对较少。

高温条件下，部分试样在恒定张拉过程中可能断裂，应记录断裂出现的时间、位置等。

4.3.7 膜材的反复弯折性能是评价膜面在风等变动荷载作用下以及膜材在施工和运输过程中被折叠时的耐久性指标。

现行国家标准《纸和纸板耐折度的测定》GB/T 457 中折口的圆弧半径为(0.38±0.02)mm。考虑到膜结构的实际情况，参考日本的试验标准，本标准对织物类膜材和 ETFE 类膜材分别规定了折口的圆弧半径。

反复弯折情况下膜材性能低下主要发生在织物类膜材中的玻璃纤维膜材。目前用于建筑中的 ETFE 类膜材具有良好的反复弯折性能，一般破断次数可达 20 万次。

4.3.8 膜材厚度较小，在与其他材料发生频繁摩擦时可能出现破裂，对于织物类膜材可能出现基材裸露。本条规定了膜材的耐磨性能检测方法。

耐磨性能，对涂层织物类膜材是指其表面涂层的抗磨损性能（基布不至于露出），对 ETFE 膜材则是指膜材自身的抗磨损性能。对网格膜材，基布通常也会采用涂层等措施进行保护，但涂层较薄，耐磨性能包含了涂层及基布自身的抗磨损性能。因此，按现行国家标准《塑料滚动摩擦磨损试验方法》GB 5478 的规定进行检测。这与国外规定的方法也是一致的。

4.3.9 本条规定了织物类膜材的耐寒性能测试方法。对于ETFE类膜材的耐寒性能目前还缺乏检测评价方法，国外规范也没有具体规定，如确需检测，可参考塑料类材料的有关标准进行。

4.4 建筑物理性能

4.4.1 本标准附录 G 给出了膜材耐候性能的检测方法。

膜材耐候性能是指膜材暴露于日光、风雨、温度变化等自然条件下的耐久性，通常有自然气候老化和人工气候老化两种试验方法。试验室检测通常采用人工加速气候老化试验，即氙灯老化试验。

为统一试验方法和膜材耐候性能的评判标准，本标准设定了氙灯暴露试验的终止条件。人工气候老化试验中，紫外线的照射是影响膜材料性能老化的主要因素。因此，本标准设定的氙灯暴露试验的终止条件是以波长在（300～400）nm 范围内的紫外线的辐照总量为衡量标准的。

许多因素都可能降低实验室光源加速试验和户外暴露间的相关性，例如二者的光源光谱分布的差异、温度差异、光照强度的差异等。因此，人工气候老化的试验结果与自然气候老化的结果并不具备严格的换算关系。

ETFE膜材具有很好的耐候性能，在欧洲已经有30年以上的使用业绩。用于ETFE膜材的耐候试验要求，与PTFE膜材相同。

4.4.2 为方便膜材吸声、隔声性能的检测，可以将膜材张紧于符合试验要求的钢制或木制边框上完成试验。

4.4.3 膜材的光学性能指膜材对各种波段光线的作用特性，包括对可见光、紫外线、红外线的反射、透射、吸收及散射系数。可根据不同要求，对相应的光学性能项目进行检测。超出本标准的检测项目可参照国家及本市现行相关标准进行检测。

4.5 防火性能

4.5.1 膜材具有较好的阻燃性能，其燃烧性能与基布材料、涂层材料等有关。

玻璃纤维为不燃材料，聚四氟乙烯高温燃烧产生有毒烟气。由于聚四氟乙烯含量较少，基材为玻璃纤维涂层为聚四氟乙烯的涂层织物类膜材在日本等被评定为不燃材料。虽然玻璃纤维基布织物类膜材可以耐受1000℃高温，但其焊接连接部位在250℃左右将会失效。

聚酯纤维为难燃材料，聚氯乙烯高温燃烧产生有毒烟气。基材为聚酯纤维涂层为聚氯乙烯的涂层织物类膜材在日本等被评为准不燃材料，当热源离开时火焰会迅速自行熄灭。聚酯纤维基布织物类膜材在70℃左右产生较大的蠕变，100℃左右膜单元之间的焊缝产生滑移失效，250℃左右材料出现熔化。局部的火焰可以烧穿膜单元形成孔洞，孔洞使得膜材离开火焰源时膜材火焰将自行熄灭，聚氯乙烯涂层添加物可防止产生燃烧滴落物。

ETFE膜材不会自燃，在(250～270)℃时材料出现溶化，着火时材料溶化收缩，无滴落物，火焰不会出现蔓延。

5 其他材料性能

5.1 一般规定

5.1.1 除膜材以外,拉索和拉杆、金属连接件以及胶结材料和密封材料也是膜结构中比较特殊和重要的建筑材料。因此,对这三类建筑材料的性能检测项目和检测方法单独列出。

5.1.2 膜结构其他材料性能的检测,应按要求划分检测批,并根据规定的比例和规定的取样方法进行抽样检测。

5.2 拉索和拉杆

5.2.1~5.2.2 膜结构中采用的拉索包括钢丝束、钢丝绳或不锈钢钢丝绳等,拉杆包括钢拉杆和不锈钢钢拉杆等。拉索和拉杆的力学性能主要包括抗拉强度、伸长率、屈服强度等指标。对本标准未包括的检测项目,可按现行国家标准《建筑结构检测技术标准》GB/T 50344 进行检测。

5.3 金属连接件

5.3.1 膜结构中使用的金属连接件是指与用于膜面连接的金属连接件。铝合金和铝型材都是膜结构常用的金属连接件,其力学性能和材料质量的检测可统一按照金属材料的试验方法或各自材料的试验方法进行检测,评定标准应按各自的材料、产品标准执行。

5.4 胶结材料和密封材料

5.4.1～5.4.2 膜结构中的胶结材料和密封材料主要包括PVC胶、硅酮结构胶和密封胶等。相容性和密封性是硅酮结构胶和密封胶的主要材料性能。除现行国家标准《建筑用硅酮结构密封胶》GB 16776和《建筑密封材料试验方法》GB/T 13477外，相应的硅酮结构胶和密封胶的性能还可参照其他相关国家标准进行检测。

6 连接与节点

6.1 一般规定

6.1.1 本条给出了连接与节点质量检测的主要项目，超出本标准的连接与节点质量检测项目可参照国家及本市现行相关标准的规定进行检测。

6.1.2 膜结构连接与节点形式复杂多样，本条参照现行上海市工程建设规范《膜结构技术标准》DG/TJ 08－97 对膜结构连接与节点进行分类。

根据现有的工程经验，膜结构连接与节点是整个结构的薄弱位置，膜结构的破坏往往从节点处开始出现。为保证膜结构的安全性和使用性，应针对各种形式的膜结构节点和连接进行检测。

6.1.3 膜结构连接与节点质量的检测抽样数量应根据连接节点的形式和检测项目的不同而不同。对膜片与膜片连接、膜面与刚性边界连接、膜面与柔性边界连接的强度检测，由于这几类膜面连接的数量多、形式较单一，分别作为检测批按规定的要求进行抽样检测。膜顶和膜角连接，由于其形式多样，因此可选取受力大、位置重要的节点进行强度检测。膜面水密性、气密性的检测则由于不同的膜结构、不同的连接位置对其有不同的要求，因此应选取有水密、气密设计要求的膜面连接节点进行检测。

6.2 膜面连接强度

6.2.1 本标准附录 H 给出了膜片与膜片连接强度的检测方法。

膜片与膜片连接主要功能是将不同的膜片裁减单元拼接成

膜片整体以及必要的膜片加劲补强，其连接方式主要有：热合、夹板、粘合、缝合、束带以及组合方式等，其中前三种是目前工程中常用的膜片与膜片连接方式，而且每种连接方式又有基本形式和连接方法的不同。例如，热合膜连接常用的基本形式有三种，搭接、单面背贴、双面背贴；热合方法有高频热合、热空气热合、热烙铁等。本标准图 H.0.2 给出单面背贴和搭接形式的连接强度检测试样图，对其他膜片与膜片连接形式，试样应与实际连接形式保持一致。

工程中采用的具有相同形式和尺寸的膜片与膜片连接，均应作为一类连接方式，按规定方法和数量抽样检测。

为便于比较膜材连接对膜材抗拉强度的影响，膜片与膜片连接强度的检测条件应尽量与膜材抗拉强度检测条件一致。对膜片与膜片的热合连接、粘合连接的试验结果表明，连接强度随连接宽度的增大而增大，但当连接宽度超过 80mm 以后，连接强度基本不变，且能达到膜材抗拉强度的 85%。膜片与膜片的热合连接、粘合连接的破坏形式主要包括连接区的滑移撕裂破坏和连接接缝处的断裂两种形式。前者主要发生在连接宽度较小的试样，后者主要发生在连接宽度较大的试样。在试验报告中应注明连接试件的破坏形式。

ETFE 膜材之间通常采用热合进行连接。热合时将膜片端部重叠，以膜材熔点相近的温度(约 260℃)进行适当时间的压合，使膜片熔化后连接成整体。膜片的热合可以是双层，也可以是多层。热合时膜片重叠部分的接合宽度不应小于 10mm。热合不包括粘接剂，其连接部分材料经熔化后成为一体，因此连接部分的材料特性与母材是一致的。但热合过程中因加压等会使连接端部的膜材厚度变小，从而导致连接强度下降。一般情况下连接强度保持率应在 50%以上。

6.2.2 本标准附录 J 给出了膜面与刚性边界连接强度的检测方法。

膜面与刚性边界连接应用于膜面与膜结构刚性支承部分的连接，如钢结构、铝合金结构、混凝土、木结构等。本质上，主要是膜面与金属构件通过特有的金属连接件进行直接连接。目前，常用的膜面与刚性连接是压板连接、U 型夹连接和金属扣件连接。本标准图 J.0.2 只是给出压板连接一种形式的连接强度检测试样图，对其他膜面与刚性边界连接形式，试样应与实际连接形式保持一致。

工程中采用的具有相同形式和尺寸的膜面与刚性连接，均应作为一类连接方式，按规定方法和数量抽样检测。

对压板连接和 U 型夹连接强度试验结果表明，连接最终破坏总是出现在螺栓附近的膜套热合/粘合的边缘线上。平行于受力方向，膜片各部分的变形不均，导致螺栓附近的膜条受力集中，膜套热合/粘合边缘线上的应力突变以及螺栓开孔对附近膜材基层纤维造成的损伤是直接原因。同时，对于连接区刚度不足的连接，例如压板间距过大、压板过薄、埋绳过细等连接，试验过程中会出现局部的埋绳被拉伸挤入压板之间的现象，并加剧膜片的受力不均，降低连接强度。试验报告中应明确注明出现的破坏形式和破坏位置。

6.2.3 本标准附录 K 给出了膜面与柔性边界连接强度的检测方法。

膜面与柔性边界连接主要指膜面与索等柔性支承结构之间连接形式，包括膜套连接、U 型夹、束带等。本标准图 K.0.2 只是给出膜套连接一种形式的连接强度检测试样图，对其他膜面与柔性边界连接形式，试样应与实际连接形式保持一致。

工程中采用的具有相同形式和尺寸的膜面与柔性连接，均应作为一类连接方式，按规定方法和数量抽样检测。

6.2.4 本标准附录 L 给出了膜顶和膜角连接强度的检测方法。

膜顶和膜角的连接形式复杂多样，但其基本连接方式多为膜与硬边界连接的形式，应选取主要节点进行拉伸试验检测节点连接强度。本标准图 L.0.1 只是分别给出一种形式的膜顶、膜角连接强度检测试样图，对其他膜顶、膜角连接形式，试样应与实际连接形式保持一致。

膜顶和膜角连接处的膜面受力是处于多向受力状态，试样的设计应能模拟膜顶和膜角实际连接的多向受力状态。

6.3 膜面水密性

6.3.1～6.3.2 膜面水密性检测针对封闭膜结构或对防水性能有要求的膜结构连接节点。本标准参照现行国家标准《建筑外门窗气密、水密、抗风压性能分级及检测方法》GB/T 7106 对膜面水密性进行检测。可在同一个膜面水密性检测试样中包括不同连接形式的膜面连接，通过一次水密性检测即可检测不同形式的膜面连接的水密性能。试样中的膜面焊缝朝向应符合工程实际情况。

6.4 膜面气密性

6.4.1 膜面气密性检测主要针对充气膜结构的连接节点。本标准参照现行国家标准《建筑外门窗气密、水密、抗风压性能分级及检测方法》GB/T 7106 对膜面气密性进行检测。和膜面水密性检测一样，可在同一个膜面气密性检测试样中包括不同连接形式的膜面连接，通过一次水密性检测即可检测不同形式的膜面连接的气密性能。

7 膜单元建筑物理性能检测

7.1 一般规定

7.1.1 膜单元是指包括膜面(包括可能存在的焊缝)、边框、边界连接等在内的完整建筑模块,比如 ETFE 气枕单元。其检测内容包括热学性能、光学性能和隔音性能。与膜材本身的建筑物理性能不同,膜单元的建筑物理性能还受焊缝、与周围边框之间的连接形式、边框本身的建筑物理性能影响,所以膜单元的建筑物理性能检测需要考虑相应因素的影响。

7.2 膜单元的建筑物理性能

7.2.7 为方便膜材吸声、隔音性能的检测,可以将膜材张紧于符合试验要求的钢制或木制边框上完成试验。

8 充气膜系统性能检测

8.1 一般规定

8.1.1～8.1.2 气承式膜结构建筑一般包括机械设备、防火、进出口、管道、电气、控制与监测等，而对气枕式、气肋式、部分气承式膜结构并不完全具备各部分，但充气膜结构、充放气机械设备、压力控制是必要核心系统。

8.2 充气性能

8.2.1 充气膜系统的充气性能是充气膜结构核心技术指标，主要考察其在施工充气成形阶段可快速完成充气成形，避免需要较长时间，从而由于天气等不确定因素，导致施工充气成形阶段结构不具备稳定形态和承载能力出现事故，一般要求(1～2)h 完成一个气膜的充气成形。同时，在强风或大雪来临之际，可快速提升内压满足充气膜结构抗风承载。

8.2.2 气承式、气枕式膜结构充气系统的送风设备一般采用免维护离心风机，流量较大，压力较小(小于 1000Pa)。气肋式膜结构充气系统的送风设备采用风机和真空泵组合，在低压时采用大流量风机，高压时采用真空泵，压头可达几十千帕。

8.3 气密性能

8.3.1 充气膜系统的气密性，即空气泄漏量，影响充气膜结构的塌落时间，从而影响逃生安全时间，因此，美国张拉膜结构规程

(ASCE/SEI 55－16)规定当泄气指数大于 1,充气膜结构塌落至 2.1m 标高的时间应不小于 20min。同时,空气泄漏导致压力降低,需要持续鼓风机工作维持压力,增加能耗。

美国张拉膜结构规程（ASCE/SEI 55-16）对泄气指数计算如下：

$$D_i=\frac{0.0008V_7}{L_\mathrm{A}}$$

式中,V_7 为 2.1m 以上膜结构空气体积;L_A 为总空气漏气量。

$$L_\mathrm{A}=L_\mathrm{N}+L_\mathrm{E}-L_\mathrm{M}$$

式中,L_N 为 P_D 状态正常运行空气漏气量;L_E 为 P_D 状态出口空气漏气量;L_M 为 P_D 状态充气设备的供气量;P_D 为全部出口开放状态膜结构的残余压力。

$$L_\mathrm{N}=0.839A_\varepsilon P_\mathrm{D}^{0.2}$$

$$L_\varepsilon=0.0563N_0P_\mathrm{D}^{0.5}$$

式中,A_ε 为膜结构在出口关闭状态的等效泄漏面积;N_0 为使用人数。

关于充气膜空气漏气量计算,加拿大膜结构规程(CSA S367-09)规定,每一组充气系统具备补偿正常漏气和维持设计压力的能力,其漏气指标如表 3 所示。

表 3　空气漏气率(dm^3/s)(在 380Pa 压力状态)

项次		漏气率(dm^3/s)	单位
膜地基边界			
	压板边	7	延米
	埋裙边	8	延米
	混凝土面裙边	11	延米
	地面裙边	23	延米

续表 3

项次		漏气率(dm^3/s)	单位
现场接缝			
	压板连接	6	延米
	绳扎连接	11	延米
	卸扣扣接	11	延米
	缝纫连接	0.3	延米
门			
	窗门	70	个
	应急门	120	个
	旋转门	190	个
	人员气闸门	190	个
	交通气闸门(2.44m×2.44m)	120	个
	交通气闸门(3.66m×3.66m)	235	个
	交通气闸门(4.88m×4.88m)	360	个
机械设备			
	鼓风机管	70	个
	热风管	95	个
	空调管	95	个
开孔			
	直径 101.6mm	125	个
	直径 152.4mm	500	个
	直径 304.8mm	2030	个
	直径 406.4mm	3170	个

注：dm^3＝立方分米。

8.3.2 CSA S367-09 规定了气承式膜结构测点空气泄漏的压力为 380Pa。根据工程经验，气枕式结构可采用相同的内压 380Pa。而气肋式膜结构的压力值比较高，有的达十至几十千帕，且由于结构的特殊设计，其空气泄漏指标不同，因此，可根据设计规定进行类似气密性能测试和判定。

9 预张力

9.1 一般规定

9.1.1 膜结构预张力是保证膜结构工程的实际状态与设计状态一致的重要指标，直接影响膜结构工程的质量与安全性。膜结构预张力主要包括膜面预张力以及拉索和拉杆的预张力。由于膜材和拉索的松弛、徐变等，既有膜结构在使用过程中往往会出现膜面张力以及拉索和拉杆预张力损失或预张力过大的现象，对膜结构安全造成隐患。因此，不论是对于膜结构工程质量的检测还是对既有膜结构性能的检测，预张力都是非常重要的检测项目之一。

9.1.2 膜结构预张力检测的抽样可根据工程具体情况，选取有代表性的位置以及经计算分析张力较大或较小的位置。

9.2 膜面预张力

9.2.1 对膜面预张力的测量宜在张拉完成一个月后进行，膜结构预张力值通常为膜材抗拉强度的1/50～1/25，考虑到膜面张拉的实际情况，设定膜面预张力的实测值与设计计算值的相对误差应在0～＋100％之间，超出这一范围的测点数量不超过总测点数量的10％。应保证膜面预张力不小于设计值，否则可能会因膜面松弛导致局部积水或风振破坏等现象。当实测膜面预张力值过大，并超出上述范围时，应通过计算保证结构安全，并采取相应的措施降低预张力。本条同时与现行国家标准《建筑与桥梁结构监测技术规范》GB 50982的规定相统一。

9.2.2 目前国内工程中通常采用凭经验判断膜面张力的方法使得工程质量存在很大的安全隐患。基于不同的原理，国内外已有的检测膜面张力的方法和仪器有几种，包括面外变形法、振动测试法、拉曼光谱测试法等，检测所使用的仪器应有产品合格证，且必须有有效的检定或校准证书，并处于正常状态。

9.3 拉索和拉杆预张力

9.3.1～9.3.2 一般拉索和拉杆的预张力值在其抗拉强度的1/10以上，因此，和膜面相比，对拉索和拉杆预张力的实测值与设计计算值的相对误差要求更为严格。索力监测的方法较多，还有三点弯曲法、激光测振法、光纤传感器测试法、磁通量法等。比如直径不大于 36mm 拉索索力可采用三点弯曲法量测。激光测振法与光纤传感器测试法均通过索的位移来测索力。采用磁通量法监测时，磁通量传感器穿过拉索安装完成后，应与拉索可靠连接，防止在吊装或施工过程中滑动错位。振动频率法一般适用于已张拉完成的索的索力监测。检测所使用的仪器应有产品合格证，且必须有有效的检定或校准证书，并处于正常状态。

10　尺寸与偏差

10.1　一般规定

10.1.1　膜结构尺寸与偏差主要包括金属构件的尺寸偏差以及膜面控制点几何偏差。其中，金属构件是指拉索和拉杆、金属连接件以及其他钢构件等。膜面控制点几何偏差主要为膜顶点、膜角点、约束边界等固定连接部位的几何偏差。

10.1.2　与其他结构不同，膜结构由于膜曲面的复杂性等原因，对膜曲面的几何偏差进行检测和评定是不现实的。此外，膜面与吊杆或撑杆连接点属于弹性连接，很难进行几何控制。因此应选择膜顶点、膜角点、约束边界等固定连接部位作为膜结构的几何偏差检测的控制点。

10.2　金属构件尺寸偏差

10.2.1～10.2.2　由于现行国家标准《建筑结构检测技术标准》GB/T 50344、《钢结构工程施工质量验收规范》GB 50205 以及相应的材料、产品标准已有对金属构件尺寸偏差的检测方法和评定标准，因此本标准按其相关规定执行。

10.2.3　对拉索的长度检测由于关系到拉索预张拉的问题，因此单独对其检测方法和评定标准作出规定。本条内容与现行行业标准《索结构技术规程》JGJ 257 一致。

10.3 膜面控制点几何偏差

10.3.1～10.3.2 膜面通常是空间曲面，通过控制膜结构顶点、角点、约束边界等固定连接部位控制点的几何偏差是进行膜结构几何偏差检测的有效方法，也便于指导膜结构工程和钢结构构件安装的衔接，但对于充气膜结构来说，膜面控制点并不适用。

10.3.3 膜面预张力不足或设计不合理，可能导致局部膜面的积水、松弛等，尤其是膜面上较为平坦的部位，应在施工完毕后重点检测。

11 外观质量

11.1 一般规定

11.1.1 膜结构外观质量的检测主要包括缺陷与损伤以及连接构造等项目。主要是指膜结构中与膜面、拉索和拉拉杆以及连接件等相关的部位，对于膜结构其他部位的外观质量的检测可参照国家及本市现行相关标准进行。

11.1.2 由于膜结构的缺陷与损伤对膜结构质量的影响最为直接和明显，而且多采用现场观察的方法进行检测，因此宜选用全数检测的方案。而连接构造的检测应按要求划分检测批，并根据规定的比例进行抽样检测。

11.2 缺陷与损伤

11.2.1～11.2.6 膜结构缺陷与损伤的检测主要包括膜面、膜与膜连接拼缝、拉索和拉杆、纤维绳、金属连接件以及胶结材料和密封材料等项目，本节给出了各检测项目的检测方法和评定标准。在表 11.2.1 中孔洞的施工意外损坏是指膜安装施工过程或安装完成后意外发生尖锐坠物而发生孔洞状损坏，撕裂的施工意外损坏是指膜安装施工过程由于未注意检查修正低品质的钢构边角部等，直接对膜实施张拉而意外发生的撕裂状损坏。

11.3 连接构造

11.3.1～11.3.4 膜结构连接构造的检测主要包括膜面连接以

及预埋件等项目。连接材料的选用、数量、尺寸以及连接构造的形式、安装方式应符合设计以及本标准的要求。其检测方法以现场观察与量测以及与设计图纸核对为主。

本节第 11.3.1 条规定金属连接件壁厚不宜有负偏差，经设计确认后，国标直缝钢管可依据《直缝电焊钢管》GB/T 13793 中 5.1 项要求采用高精度级别负偏差壁厚直缝钢管；国标无缝钢管可依据《直缝电焊钢管》GB/T 8162 中 4.2 项要求采用负偏差壁厚无缝钢管；钢板件等一般可不允许采用钢偏差板件，国标管材等应与设计师沟通确认，以防原设计结构管材应力比极限使用时，采用负偏差管材发生应力比超限。

12 既有膜结构检测

12.1 一般规定

12.1.1～12.1.3 随着膜结构工程的大量使用，对既有膜结构的检测日益重要。本节给出了既有膜结构检测的一般规定，包括检测制度、检测内容、检测方案、检测单位和检测报告等。既有膜结构常规检测时除了其特有的检测项目外，还应进行现行国家标准《建筑结构检测技术标准》GB/T 50344 规定的其他项目的检测。

12.2 膜材检测

12.2.1～12.2.4 由于膜材具有老化的特性，且不宜从既有膜结构中拆除取得，因此本节建议建设单位应对建设过程中使用的膜材料进行留置，便于将来进行材料性能检测。膜材的留置条件应尽可能与使用条件接近，以保证检测结果的可靠性。对既有膜结构膜材料检测的项目同本标准第 4 章规定相同。

12.3 金属构件检测

12.3.3～12.3.4 现行上海市工程建设规范《钢结构检测与鉴定技术规程》DG/TJ 08－2011 对钢构件的腐蚀检测和涂装防护检测做出了规定，包括测点选择、检测方法和检测内容等，同时给出了表面质量检测和超声波探伤的方法，因此本标准按其相关规定执行。

12.4 膜结构现场检测

12.4.1～12.4.5 既有膜结构预张力检测的抽样可根据工程具体情况,选取有代表性的位置。对于既有膜结构来讲,膜面的预张力以及拉索和拉杆的预张力相比于初始状态会有不同程度的下降,应对既有膜结构现状进行计算分析,并制定经设计认可的维护方案。

12.5 既有充气膜结构系统性能检测

12.5.1～12.5.2 对气承式膜结构的机械设备系统和充气膜结构的设备系统的检测内容和方法进行了规定。